环境设计制图

主　编◎陆燕燕　王云琦
副主编◎陈捷频　李青璇
王卫文　张　慧

清華大学出版社
北　京

内 容 简 介

本书从初学者的角度出发，通过通俗易懂的语言、丰富多彩的实战型案例，详细介绍了环境设计专业的制图基础知识。全书共分为5章，包括制图的基本知识、投影与形体的表达、室内设计工程制图、室内设计构造详图和景观施工图简介。根据本书的讲解，读者可以边学边练习，熟练掌握基本知识，达到识图与制图的目的。

本书主要面向普通高等院校的学生，可作为环境设计、建筑设计、景观设计、室内设计等专业的教学用书，也可作为相关领域的培训教材和企业开发人员的参考用书。

图书在版编目（CIP）数据

环境设计制图 / 陆燕燕，王云琦主编. —北京：清华大学出版社，2023.6（2024.10重印）
ISBN 978-7-302-63560-4

Ⅰ. ①环… Ⅱ. ①陆… ②王… Ⅲ. ①环境设计—建筑制图—高等学校—教材 Ⅳ. ①TU204

中国国家版本馆CIP数据核字（2023）第088498号

责任编辑：邓　艳
封面设计：刘　超
版式设计：文森时代
责任校对：马军令
责任印制：丛怀宇

出版发行：清华大学出版社
网　　址：https://www.tup.com.cn，https://www.wqxuetang.com
地　　址：北京清华大学学研大厦A座　　**邮　　编：**100084
社 总 机：010-83470000　　**邮　　购：**010-62786544
投稿与读者服务：010-62776969，c-service@tup.tsinghua.edu.cn
质量反馈：010-62772015，zhiliang@tup.tsinghua.edu.cn
印 装 者：天津安泰印刷有限公司
经　　销：全国新华书店
开　　本：185mm×260mm　　**印　　张：**11　　**字　　数：**261千字
版　　次：2023年6月第1版　　**印　　次：**2024年10月第3次印刷
定　　价：49.80元

产品编号：095998-01

前　言

环境设计类本科院校旨在培养“应用型”人才，即培养能与环境设计相关企业对接的优秀设计人才，在制图能力上要求初学者能快速识读图纸并理解图纸，在绘制图纸时要求其表达准确、符合规范，并具备一定徒手绘图的能力，能合理、准确地表现室内与景观的平面图、立面图、剖面图及详图。

由住房和城乡建设部主编和批准的《建筑制图标准》最早于2002年正式实施，该标准于2010年进行了修订。目前正式实施的还有《建筑制图标准》（GB/T 50104—2010）和《房屋建筑制图统一标准》（GB/T 50001—2020），这两个标准分别于2010年和2017年进行了修订。2003年颁布了《建筑工程设计文件编制深度规定》，该规定也经过几轮修改，并于2016年印发了新版本，增加了很多新的内容。依据国家标准进行学习，读者可以高效率地掌握绘图基础知识并加以运用。

本书提倡实践能力培养与创新素质的提升，突出实际应用。全书内容结构合理，知识点全面，讲解详细，内容由浅入深，循序渐进，重点难点突出；从初学者的角度详细讲解了制图的基本知识，包括图纸图幅及图线、字体与比例、尺寸标注与几何制图、投影、三视图及其他视图等内容。通过使用案例与动画使内容通俗易懂，帮助读者更好地理解枯燥、晦涩的内容。第3章至第5章主要从环境设计囊括的室内设计和景观设计方向出发，详细介绍了每一类型图纸的内容和绘制步骤，并结合实际案例，生动形象地阐述了重点与难点。每章末配合思考与练习，检测读者对知识的掌握程度，起到温习巩固的作用。本书是普通高等学校环境设计专业学生的制图课程教材，也是相关知识初学者的必备书籍。本书对于从事环境设计工作的读者来说，也是一个相当不错的选择。

本书由南京传媒学院环境设计专业教师陆燕燕、王云琦担任主编，由陈捷频、李青璇、王卫文、张慧（三江学院）担任副主编。此书内容基于前辈们的制图文献成果而得，在此一并致谢。

由于编写时间紧、任务重，书中难免存在疏漏与不妥，敬请广大读者和同人多提宝贵意见，以便再版时予以修正。

编　者

目　录

第 1 章　制图的基本知识

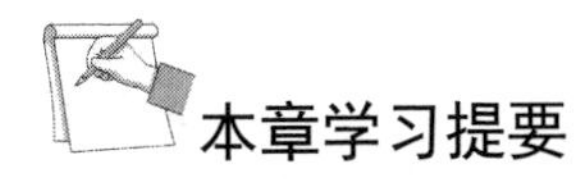

本章学习提要

为了达到工程图样的统一，保证绘图的质量与速度，使图纸简明易懂，符合设计、施工与存档要求，国家制定了相应的标准和规范。通过本章的学习，读者可以了解相关的制图基本知识，以及相关的国家标准。

知识点

- 绘图工具及其使用。
- 国家标准有关制图的规定。
- 常用的几何制图方法。

重点

- 比例的设置。
- 基础尺寸标注的掌握及应用。
- 直线、圆弧、多边形的几何绘制。

1.1　制图工具及其使用

1.1.1　制图工具

学习制图，必须先了解制图的工具及其正确用法。掌握制图工具的使用方法，是提高绘图质量、加快绘图速度的前提。

1. 图板

图板（见图 1-1）是制图中最基本的工具，用木质胶合板制成，规格有 0 号（1200mm×900mm）、1 号（900mm×600mm）和 2 号（600mm×450mm）三种，分别适用于相应的图纸。0 号图板适合 A0 图纸，1 号图板适合 A1 图纸，2 号图板适合 A2、A3、A4 图纸。图板用来固定图纸，作为制图垫板，要求板面平整光洁，短边为工作边，必须平直无毛糙，以便与丁字尺配合画出水平线。

制图时，用胶带将图纸固定在图板上，避免使用大头钉或图钉等有厚度的固定件，以免影响丁字尺和其他尺类在图板上的移动。

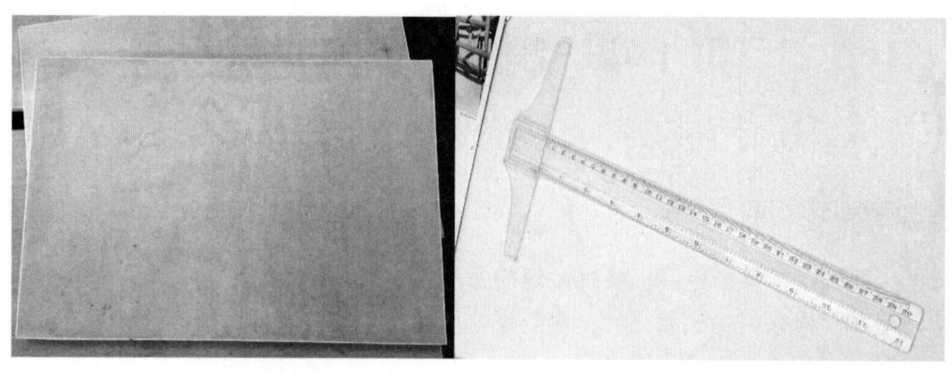

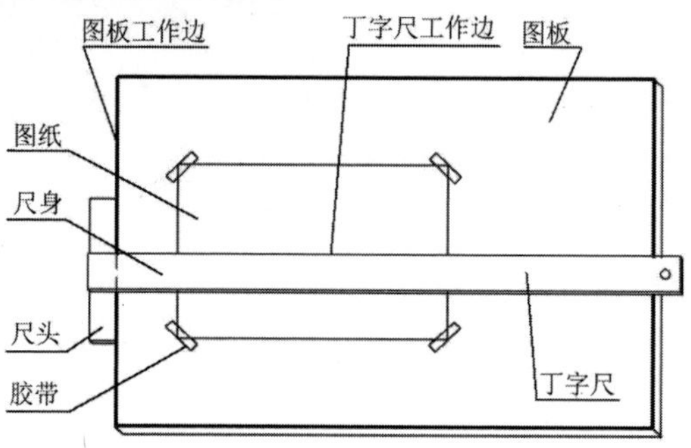

图 1-1　图板与丁字尺

2. 丁字尺

丁字尺又称 T 形尺，由相互垂直的尺头和尺身构成（见图 1-1）。其因形状与文字“丁”相似，故称“丁字尺”。目前使用的丁字尺大多是用有机玻璃制成的。规格一般有 600mm、900mm 和 1200mm 三种。丁字尺用来画水平线。

画线时左手把住尺头，使之始终紧贴住图板左边（工作边），然后上下推动，对准要画线的地方，从左至右画出水平线（见图 1-2）。画线过程中用左手压住尺身，画较长线时，跟随画线位置，左手压住尺身慢慢向右移动，以免尺身尾部因太长而移动位置。将丁字尺与三角板相互配合，可以画垂直线、各种 15° 及 15° 倍数角度的直线。丁字尺不能靠在图板的其他非工作边画线。

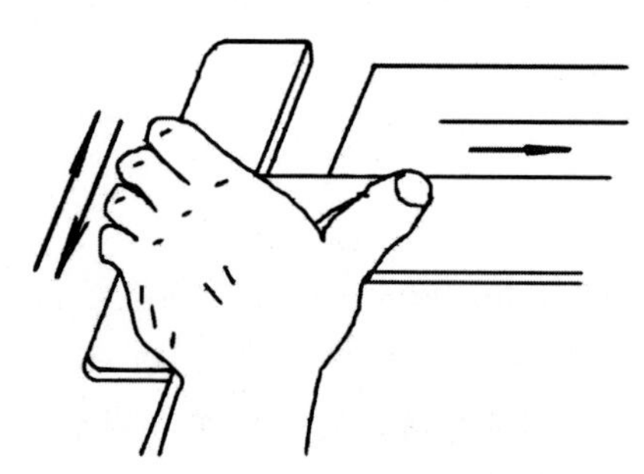

图 1-2　用丁字尺作水平线

不能用丁字尺工作边裁切图纸，丁字尺放置时宜悬挂，以保证丁字尺的尺身平直。

3．三角板

三角板一般有两块，即 30°、60° 的直角三角板和 45° 的等腰直角三角板。三角板可单独使用、组合使用，还可以与丁字尺配合使用，画出垂直线或 15° 及 15° 倍数角度的直线，如 30°、45°、60°、75° 等的倾斜线。画线时，将三角板的一边靠紧丁字尺，沿另一边自下而上画出所需要的垂直线或倾斜线（见图 1-3 和图 1-4）。

用三角板互相配合，也可绘制各种角度的平行线（见图 1-4）。

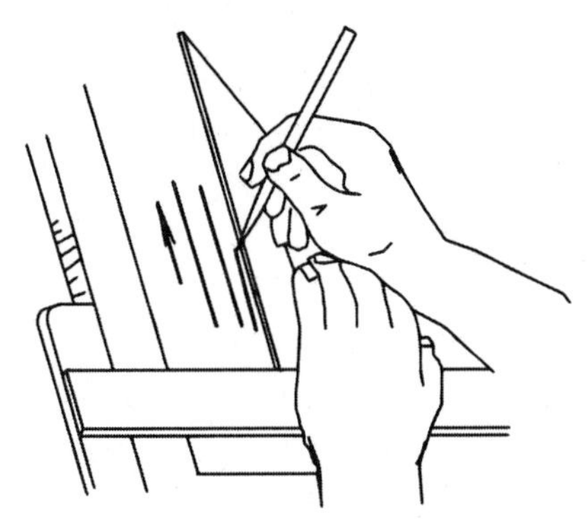

图 1-3　用丁字尺作垂直线

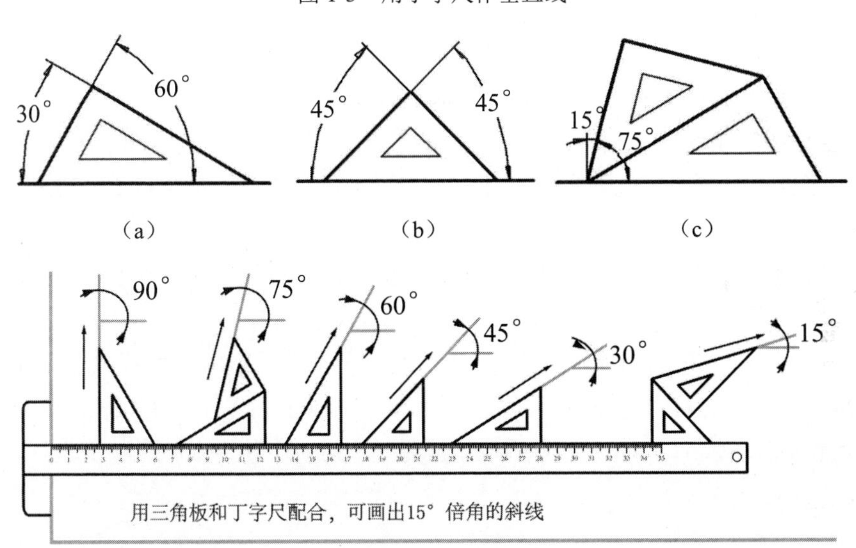

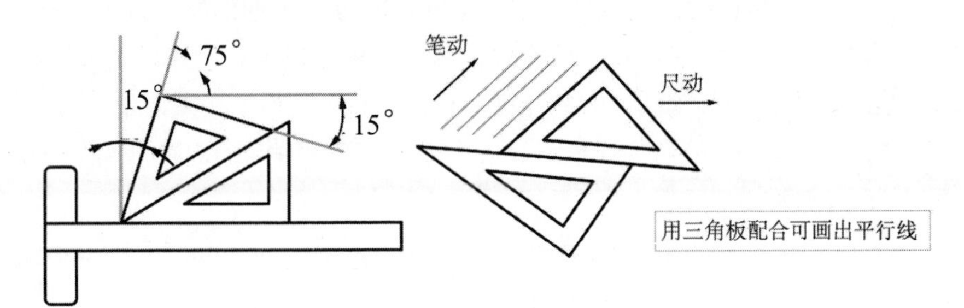

图 1-4　用三角板画倾斜线

4．比例尺

建筑物、景观等的实际尺寸都比图纸大很多，它们的图样不可能也没必要按照实际尺寸绘制出来。应根据图纸的大小，选择合适的比例将物体对象缩小。比例尺就是用来缩小对象的制图工具。

比例尺有平行比例尺和三角形比例尺两种，三角形比例尺又称三棱尺，在其三个棱面上共有六种不同比例的刻度（1∶100、1∶200、1∶250、1∶300、1∶400、1∶500）。绘图时，当比例确定后，可直接从尺面上量取尺寸，无须进行比例换算，可大大提高绘图效率。尺上刻度所注数字单位为 m（见图 1-5）。绘图时，不能将比例尺当作三角板来进行画线。

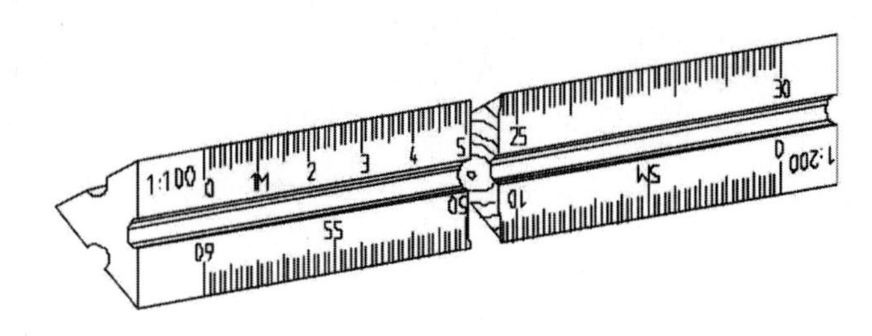

图 1-5　比例尺

比例尺的使用方法如下：

（1）根据图纸比例选择相应的比例尺，如 1∶100 的图选用 1∶100 的尺子，刻度线对齐后记录尺子读数。该数据就是实际尺寸，不需要再进行转换。如果读数为 3.6，那么实际物体的尺寸就是 3.6m。

（2）当找不到相对应的比例尺时，可以进行换算，将尺子的比例换算成图纸比例，遵循“小乘大除”原则。

（3）例如，1∶100 的图纸可以用 1∶200 的尺子来测量，将刻度数除以 2 即可。如果用 1∶200 的尺子测量 1∶100 的图，读数为 7.2m，那么实际尺寸=(7.2/2)m=3.6m。也可以用小尺寸比例尺来测量，如用 1∶50 的尺子测量 1∶100 的图，结果乘以 2 即可。

5．绘图铅笔

绘图铅笔有木铅笔和自动铅笔两种。木铅笔的铅芯分为不同的软硬程度。B 型号表示铅芯为软型，从 B 到 8B，数字越大，铅芯越软越粗，颜色越黑。H 型号表示铅芯为硬型，从 H 到 6H，数字越大，铅芯越硬，颜色越淡。HB 是中性铅芯，软硬适中。

绘图时，使用 H 或 2H 铅笔绘制底图，使用 B 或 2B 铅笔加深加粗图线，使用 HB 铅笔进行文字或尺寸的标注。

也可以使用自动铅笔起稿线、画草图。一般有 0.5mm、0.7mm 和 0.9mm 三种规格（见图 1-6）。

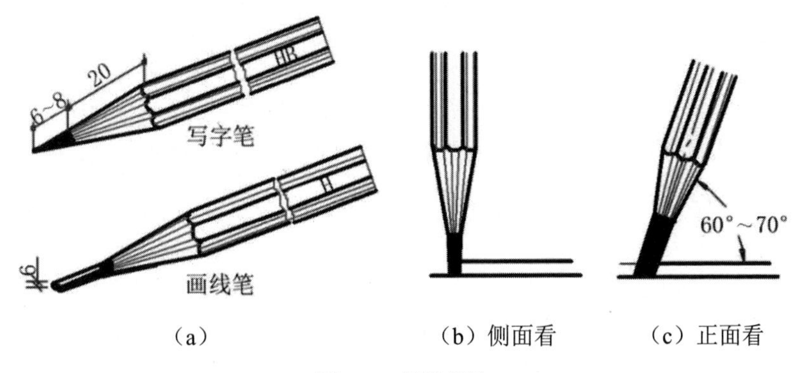

（a）　　（b）侧面看　　（c）正面看

图 1-6　铅笔用法

6. 针管笔

针管笔是绘图笔，分为一次性和永久性两种，永久性针管笔可以反复灌墨水，使用寿命较长。其笔头是一个针管（见图 1-7），有 0.1～1.2mm 等数种粗细不同的规格，可绘制出由细到粗的不同线宽。

图 1-7　针管笔

在实际使用中，可采用 0.1mm、0.3mm、0.5mm 组，或 0.2mm、0.4mm、0.6mm 组等规格的针管笔。若使用反复灌墨水的笔，使用后，应及时将针管清洗干净，以免堵塞，影响下次使用。

1.1.2　制图仪器

1. 圆规

圆规是画圆或圆弧的仪器。圆规在使用前应先调整针脚，使针尖略长于铅芯，铅芯应磨削成斜面，且斜面向外。画圆或圆弧时，先调整两脚之间的距离，使其等于半径长度；然后顺时针转动圆规，完成圆或圆弧的绘制（见图 1-8～图 1-10）。

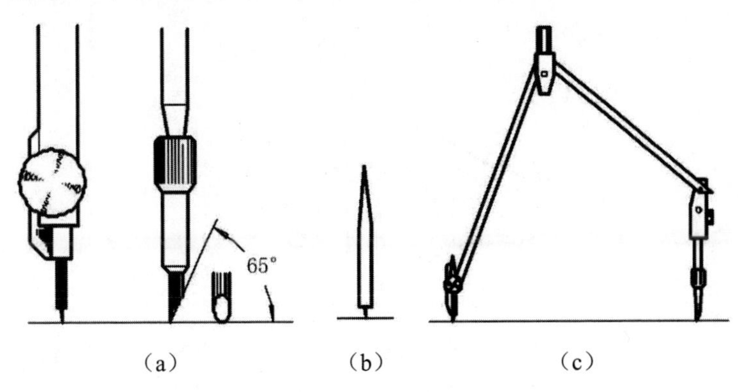

（a）　　（b）　　（c）

图 1-8　圆规的使用方法

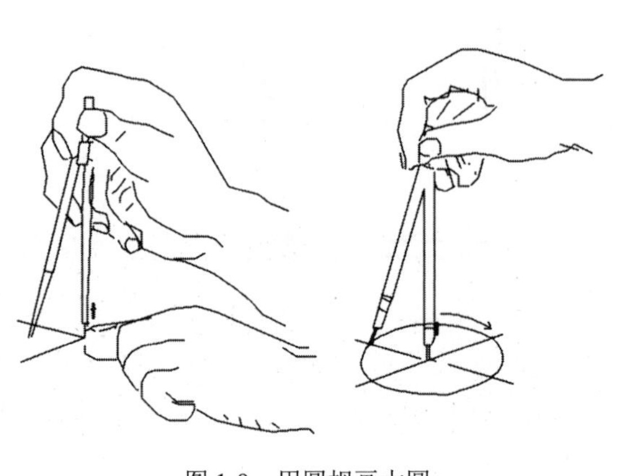

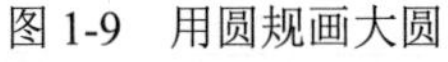

图 1-9　用圆规画大圆

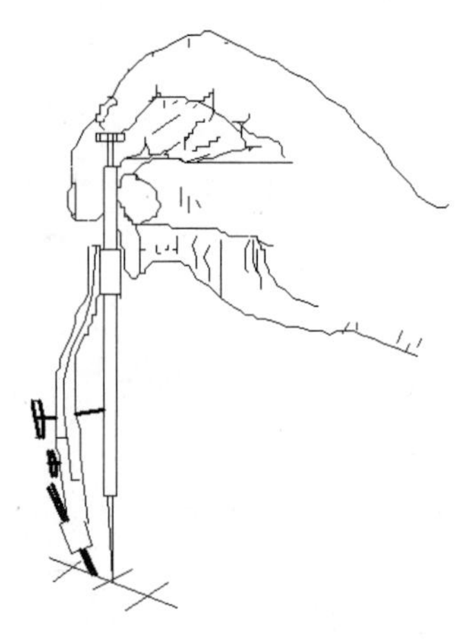

图 1-10　用圆规画小圆

2. 曲线板

曲线板用来绘制曲率半径不同的非圆曲线（见图 1-11）。在使用曲线板之前，用绘图铅笔轻轻勾出相似的曲线，在曲线上标出适当数量的点。根据曲线的弯曲趋势，在曲线板上选择与所画曲线相吻合的一段进行描绘。吻合的点越多，所得曲线越光滑。每次连接应至少通过曲线上的三个点，后一次连接的前一段应是前一次连接的末尾一段。

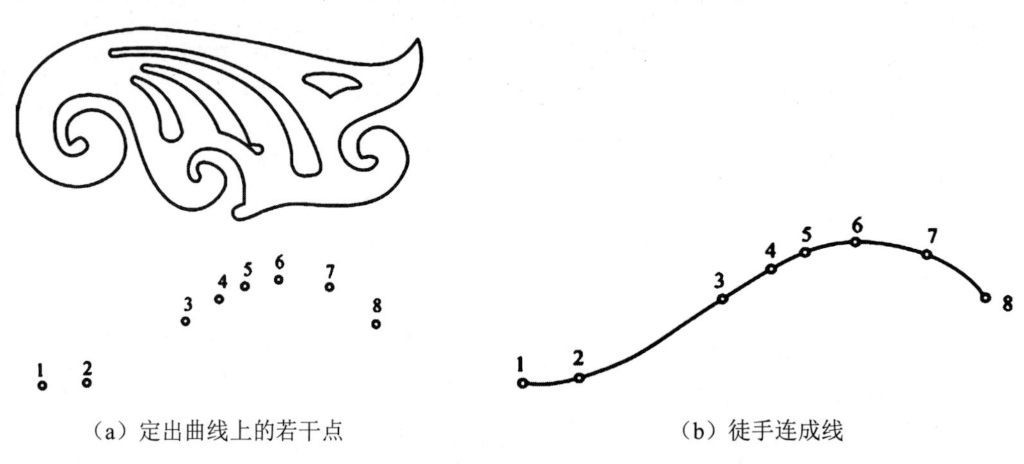

（a）定出曲线上的若干点

（b）徒手连成线

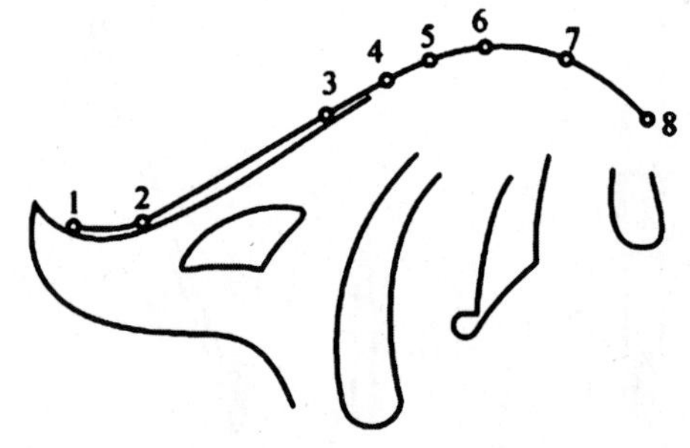

（c）选择曲线板上与曲线相吻合的线段，沿其轮廓画出前三个点之间的曲线

图 1-11　曲线板及曲线画法

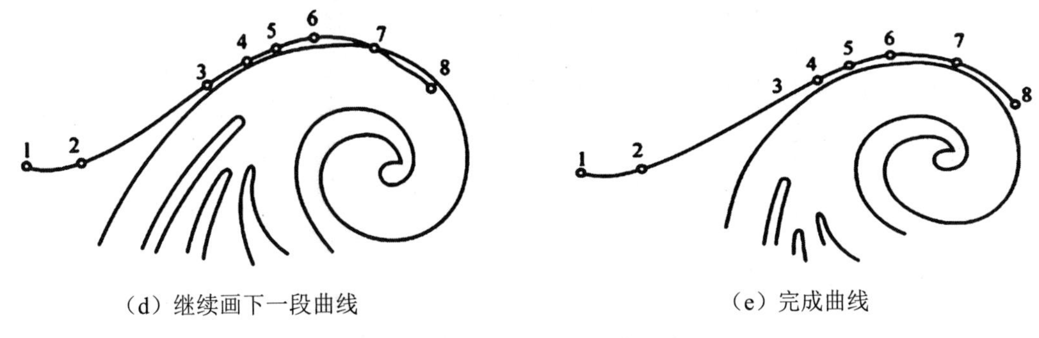

（d）继续画下一段曲线　　　　（e）完成曲线

图 1-11　曲线板及曲线画法（续）

3．其他用具

（1）建筑模板。为了提高制图的效率，将制图常用的图形、符号（方形孔、圆形孔、建筑图例、轴线号、详图索引号等）镂刻在一块板子上，这个就是建筑模板。它分为专业模板和通用模板。模板上的符号和图形是按照一定比例缩放的，作图时，应选择相应的模板进行绘制。只要用笔沿孔内画一周，即可画出相应图形（见图 1-12）。

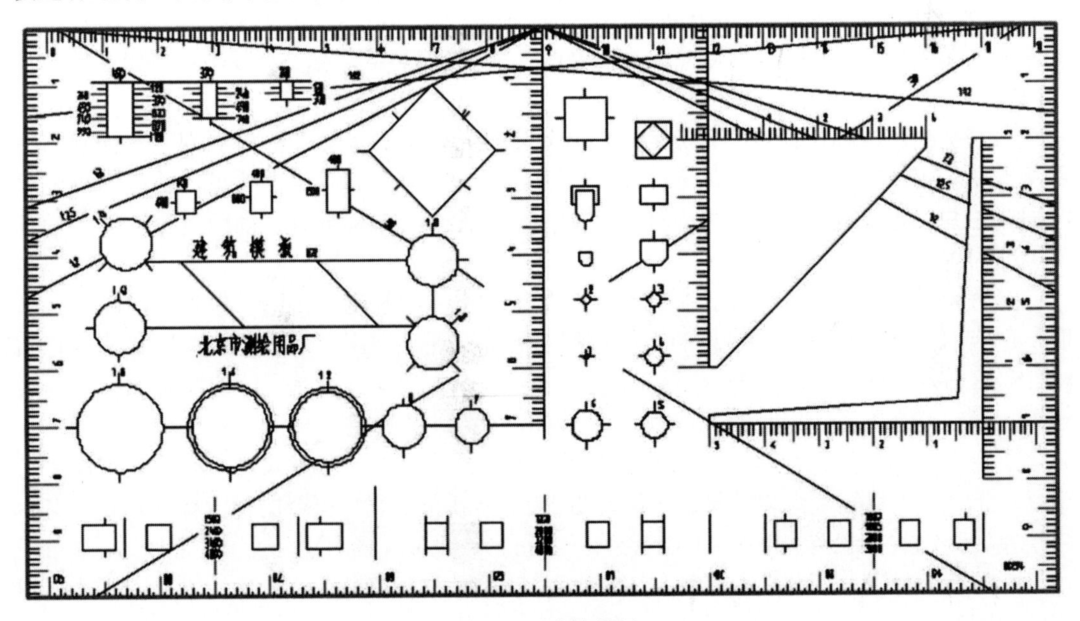

图 1-12　建筑模板

（2）擦图片。擦图片一般由薄金属片或透明胶片制成，是在修改底图时，为了防止擦掉不需要擦掉的线条而使用的工具。使用时，只要将该擦去的图线对准擦图片的孔，用橡皮轻轻擦去线条即可。这样就不会影响到周围的其他图线（见图 1-13）。

（3）纸张、透明胶带。

（4）小刀、单面刀片、双面刀片。

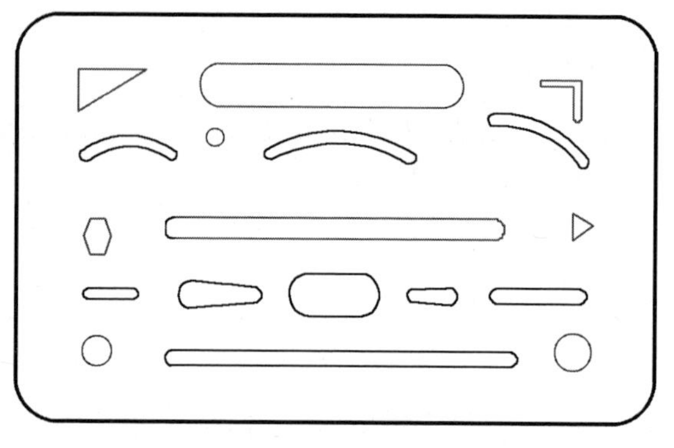

图 1-13　擦图片

1.2　图纸图幅及图线

由住房和城乡建设部主编和批准的《建筑制图标准》最早于 2002 年正式实施，该标准于 2010 年进行了修订。2002 年正式实施的还有《建筑制图标准》和《房屋建筑制图统一标准》，这两个标准分别于 2010 年和 2017 年进行了修订。2003 年颁布了《建筑工程设计文件编制深度规定》，该规定也经过几轮修改，并于 2016 年印发了新版本，增加了很多新的内容。

《建筑制图标准》制定的目的是统一建筑专业、室内设计专业制图规则，保证制图质量，提高制图效率，做到图面清晰、简明，符合设计、施工、存档的要求，适应工程建设的需要。并规定建筑专业、室内设计专业制图，除应符合本标准外，尚应符合国家现行有关标准的规定。

《房屋建筑制图统一标准》制定的目的是统一房屋建筑制图规则，做到图面清晰、简明，适应信息化发展与房屋建设的需要，利于国际交往，适用于房屋建筑总图、建筑、结构、给水排水、暖通空调、电气等各专业的工程制图。房屋建筑制图除应符合本标准的规定外，尚应符合国家现行有关标准以及各专业制图标准的规定。

实际上，到目前为止，国内的室内设计和景观设计专业制图尚未有相应的国家规范。但是，针对房屋建筑室内装饰装修，我国在 2011 年颁布了执行至今的行业标准——《房屋建筑室内装饰装修制图标准》（JGJ/T 244—2011）；针对风景园林，我国在 2015 年颁布了修订后的行业标准——《风景园林制图标准》（CJJ/T 67—2015）。此外，还有一些地方制定的制图标准。

建筑制图的相关国家规范是学习和了解制图基本规定的基础。

1.2.1　图纸幅面

图纸幅面是指图纸的尺寸大小，简称图幅。图框是指界定图纸内容的线框。图纸幅面、图框尺寸和格式应符合《房屋建筑制图统一标准》（GB/T 50001—2017）的有关规定。一般采用国际通用的 A 系列幅面规格的图纸，有 A0、A1、A2、A3、A4 代号。A0 的图纸称为 0 号图纸（0#），以此类推（见表 1-1）。b 为图幅短边尺寸，l 为图幅长边尺寸，a 为

装订边尺寸，其余三边尺寸为 c。

表 1-1　幅面及图框尺寸　（单位：mm）

尺寸代号	幅面代号				
	A0	A1	A2	A3	A4
$b \times l$	841×1189	594×841	420×594	297×420	210×297
a	25				
c	10			5	

各号幅面的尺寸关系是：沿上一号幅面的长边对裁，即下一号幅面的大小（见图 1-14）。图幅所使用的单位是 mm。为了简化，在设计或者工程交流时可省略单位。

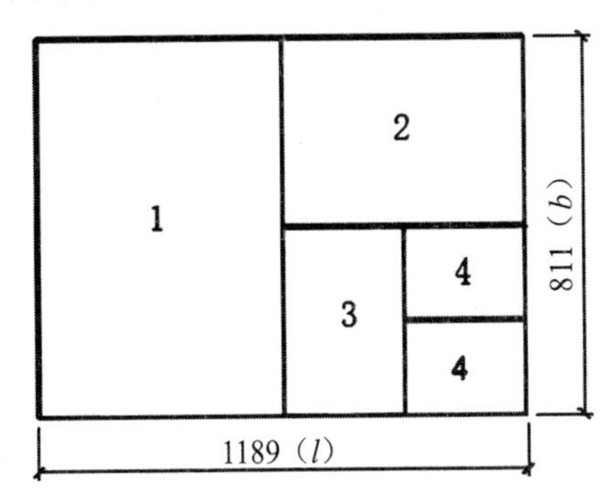

图 1-14　各号幅面对应关系

对于一些特殊的图例，可适当加长图纸的幅度，但仅限于图纸的长边，加长部分的尺寸如表 1-2 所示。

表 1-2　图纸长边加长尺寸　（单位：mm）

幅面代号	长边尺寸	长边加长后的尺寸
A0	1189	1486（$A0+\frac{1}{4}l$）、1783（$A0+\frac{1}{2}l$）、2080（$A0+\frac{3}{4}l$）、2378（$A0+l$）
A1	841	1051（$A1+\frac{1}{4}l$）、1261（$A1+\frac{1}{2}l$）、1471（$A1+\frac{3}{4}l$）、1682（$A1+l$）、1892（$A1+\frac{5}{4}l$）、2102（$A1+\frac{3}{2}l$）
A2	594	743（$A2+\frac{1}{4}l$）、891（$A2+\frac{1}{2}l$）、1041（$A2+\frac{3}{4}l$）、1189（$A2+l$）、1338（$A2+\frac{5}{4}l$）、1486（$A2+\frac{3}{2}l$）、1635（$A2+\frac{7}{4}l$）、1783（$A2+2l$）、1932（$A2+\frac{9}{4}l$）、2080（$A2+\frac{5}{2}l$）
A3	420	630（$A3+\frac{1}{2}l$）、841（$A3+l$）、1051（$A3+\frac{3}{2}l$）、1261（$A3+2l$）、1471（$A3+\frac{5}{2}l$）、1682（$A3+3l$）、1892（$A3+\frac{7}{2}l$）

图纸以短边做水平边称为立式图纸。A0～A3 图纸中以使用横式较为常见，但也可以

使用立式，具体可依据图例详情进行选择〔见图 1-15（a）、（b）〕。一个专业的图纸不宜使用多于两种的幅面，目录及表格所采用的 A4 幅面不在此限制中。

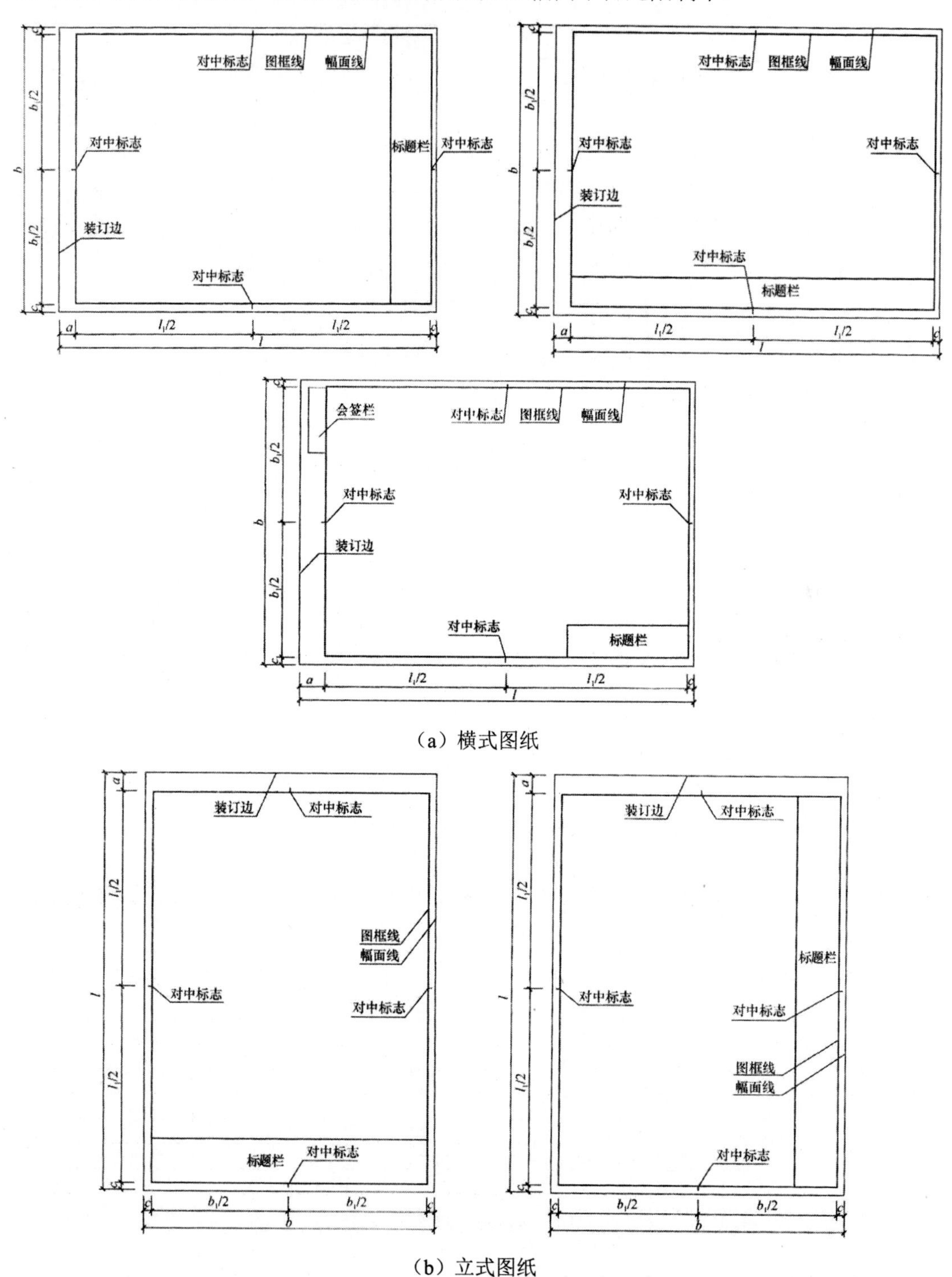

（a）横式图纸

（b）立式图纸

图 1-15　横式图纸和立式图纸

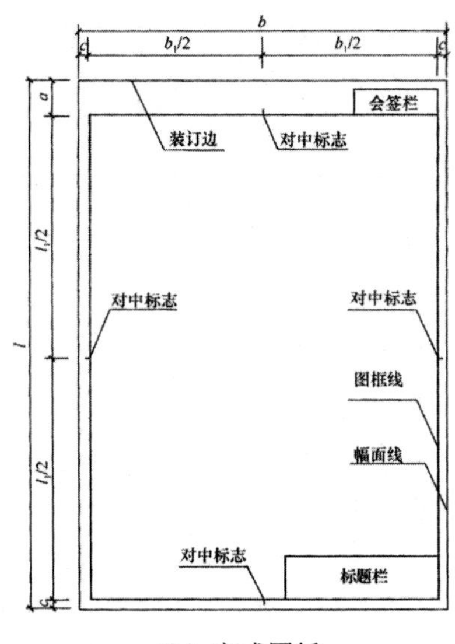

（b）立式图纸

图 1-15　横式图纸和立式图纸（续）

1.2.2　标题栏与会签栏

1．标题栏

标题栏用于简要说明图纸的内容。一般包含设计单位名称、工程项目名称、项目经理、注册师、设计者、绘制者、审核者、图名、比例、日期和图纸编号、修改记录等。

在以往的建筑设计制图规范中，标题栏一般位于图框的右下角。而在设计制图中，标题栏的放置位置目前主要有以下三种：在图框右下角；在图框的右侧并竖排标题栏内容；在图框的下部并横排标题栏内容（见图 1-15）。标题栏也可简称为图标，图标通常分为大图标和小图标。以下两例是放置在图纸右下角的大小图标。

1）大图标

一般用于 0 号、1 号及 2 号图纸上（见图 1-16）。图标尺寸通常为 180mm×50mm、180mm×60mm、180mm×70mm。

设计单位名称			工作内容	姓名	签字月日
工程总称					
项目					
图纸名称	设计号				
	图别				
	图号				
	日期				

图 1-16　图纸标题栏（大图标）

2）小图标

一般用于 2 号、3 号及 4 号图纸上（见图 1-17）。图标尺寸通常为 85mm×30mm、

85mm×40mm、85mm×50mm。

图纸名称		设计单位名称			
工程总称		设计		图别	
项目		绘图		图号	
		校对		比例	
		审核		日期	

图 1-17 图纸标题栏（小图标）

2. 会签栏

会签栏（见图 1-18）用于填写会签人员的专业、姓名和日期，位于图纸左面图框线外的上端。会签栏应包括实名列和签名列。一个会签栏不够时，可另加一个，两个会签栏应并列；不需要会签的图纸可不设会签栏。

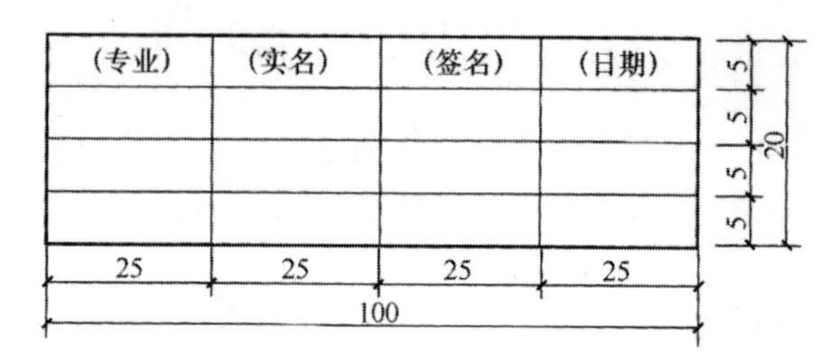

图 1-18 会签栏

1.2.3 建筑图纸编排顺序

国家标准规定，工程图纸应按专业顺序编排（见图 1-19）。各专业的图纸应按图纸内容的主次关系、逻辑关系进行分类，做到有序排列。建筑图纸应按照总平面图、平面图、立面图和节点详图的顺序进行有序排列。

图 1-19 建筑图纸编排顺序

1.2.4 图线及用法

任何工程图样都是采用不同线型与线宽的图线绘制而成的。例如，图 1-20 中就包含了各种粗细不同、虚实不同、样式不同的线型。

为了使施工图的层次分明、结构清晰，需要采用不同线型和粗细的图线，分别表示不同的意义和用途。

基本线型有实线、虚线、单点长画线、双点长画线、折断线、波浪线等。根据用途不同，可采用不同粗细的图线，其线宽互成一定的比例，分为粗线、中线和细线三种。制图中的图线应以可见轮廓线的宽度 b 为基本线宽，三种线的线宽之比为 b：$0.5b$：$0.25b$。b 一般从 1.4mm、1.0mm、0.7mm、0.5mm 线宽系列中选取（见图 1-21）。

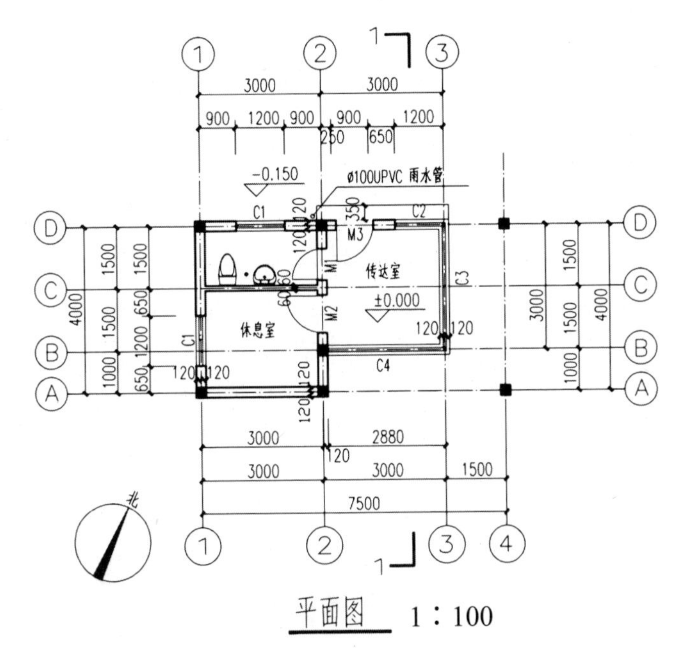

图 1-20　室内平面布置图

名称		线型	线宽	一般用途
实线	粗		b	主要可见轮廓线
	中		$0.5b$	可见轮廓线
	细		$0.25b$	可见轮廓线、图例线
虚线	粗		b	见各有关专业制图标准
	中		$0.5b$	不可见轮廓线
	细		$0.25b$	不可见轮廓线、图例线
单点长画线	粗		b	见各有关专业制图标准
	中		$0.5b$	见各有关专业制图标准
	细		$0.25b$	中心线、对称线
双点长画线	粗		b	见各有关专业制图标准
	中		$0.5b$	见各有关专业制图标准
	细		$0.25b$	假想轮廓线、成型前原始轮廓线
折断线			$0.25b$	断开界限
波浪线			$0.25b$	断开界限

图 1-21　常用的线型和线宽

一般建筑设计的图纸中会包含粗线、中线和细线，这一组粗线、中线和细线就成为一组线宽组（见表 1-3）。

表 1-3　线宽组　（单位：mm）

线 宽 比	线 宽 组			
b	1.4	1.0	0.7	0.5
0.7*b*	1.0	0.7	0.5	0.35
0.5*b*	0.7	0.5	0.35	0.25
0.25*b*	0.35	0.25	0.18	0.13

在同一张图纸内，相同比例的各个图样应选用相同的线宽组。即比例相同的部分，相同用途的线型和线宽应该是一致的。例如，假设在 1∶100 的图中，一层平面图的墙线为中粗线 0.7mm，那么在这张图纸上的二层平面图的墙线也应该为 0.7mm。

相互平行的图例线，其净间隙或线中间隙不宜小于 0.2mm。虚线、单点长画线或双点长画线的线段长度和间隔距离，宜各自相等。单点长画线或双点长画线，当在较小图形中绘制有困难时，可用实线代替。单点长画线或双点长画线的两端不应采用点。点画线与点画线交接或点画线与其他图线交接时，应采用线段交接。虚线与虚线交接或虚线与其他图线交接时，应采用线段交接。虚线为实线的延长线时，不得与实线相接（见图 1-22）。

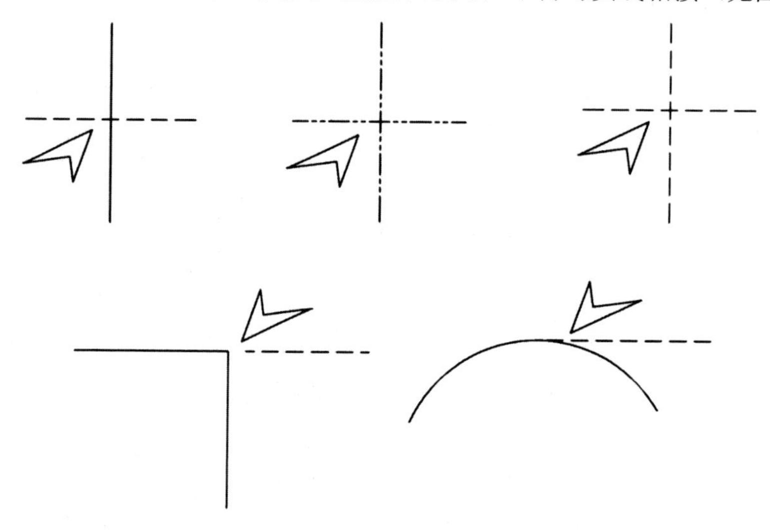

图 1-22　图线交接的画法

图线不得与文字、数字或符号重叠、混淆，不可避免时，应首先保证文字的清晰。

1.3　字体与比例

1.3.1　字体

国家标准规定，图纸上所需书写的文字、数字或符号等均应字体端正，笔画清楚，间隔均匀，排列整齐；标点符号应清楚正确。并且对文字、数字等的高度、高度和宽度的关系以及笔画宽度、间距要求等都做了相关规定。

1．汉字

汉字采用长仿宋体（见图 1-23）。字高与字宽的比例约为 3∶2。字体要求横平竖直，字体端正，疏密得当，间隔均匀。长仿宋体的号数用字体高度表示，一般有 20mm、14mm、10mm、7mm、5mm、3.5mm 六种。

工业民用建筑厂房屋平立剖面详图
结构施说明比例尺寸长宽高厚砖瓦
木石土砂浆水泥钢筋混凝截校核梯
门窗基础地基楼板梁柱墙厕浴标号
制审定日期一二三四五六七八九十

字高/mm	3.5	5	7	10	14	20
字宽/mm	2.5	3.5	5	7	10	14

图 1-23　长仿宋体写法

2．数字和字母

数字分为直体和斜体两种（见图 1-24）。斜体字的字头向右倾斜 75°，与垂直方向的夹角约为 15°。字体采用 Roman 字型。

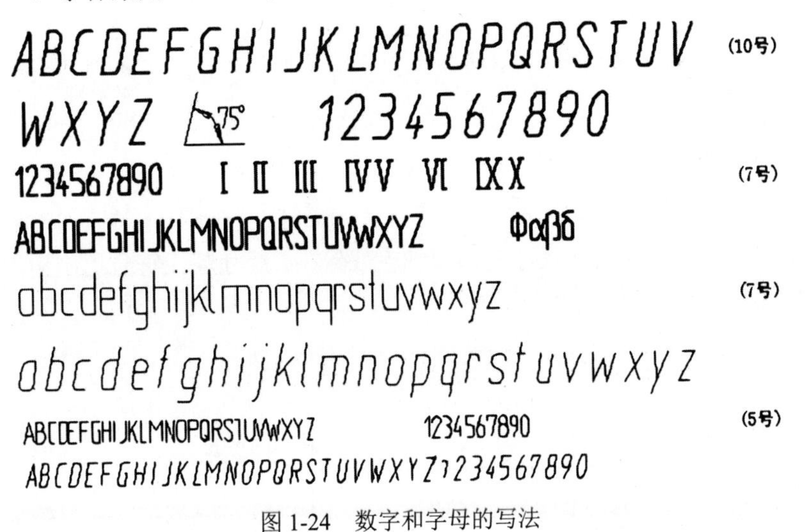

图 1-24　数字和字母的写法

1.3.2　比例

比例是制图中的一般规定术语，是指图中图形与其实物相应要素的线性尺寸之比。比例的大小是指比值的大小。例如，1：100 是指图上的尺寸为 1，而实物的尺寸为 100。无论采用放大比例还是缩小比例，标注尺寸时都必须标注工程形体的实际尺寸。比例一般分为常用比例和可用比例（见表 1-4）。

表 1-4　比例

图　名	常用比例	可用比例
总平面图	1：500、1：1000、1：2000、1：5000	1：2500、1：10000
竖向布置图、管线综合图、断面图等	1：100、1：200、1：500、1：1000、1：2000	1：300、1：500
平面图、立面图、剖面图、结构布置图、设备布置图	1：50、1：100、1：200	1：150、1：300、1：400
内容简单的平面图	1：200、1：400	1：500
详图	1：1、1：2、1：5、1：10、1：20	1：3、1：15、1：30、1：40

工程图中的各个图形，都应分别注明其比例。比例宜注写在图名的右侧，其字高宜比图名的字高小一号或两号，字的底线应取平（见图 1-25）。

平面图　1：100　　　　④　1：10

图 1-25　比例的标注位置与大小

1.4　尺 寸 标 注

尺寸是决定物体形状和大小的数值，是施工的依据。标注尺寸的基本要求是正确、清晰、完全、合理。

1．尺寸标注要素

在图纸中，完整的尺寸标注包括尺寸界线、尺寸线、尺寸起止符号及尺寸数字四部分内容（见图 1-26）。尺寸界线和尺寸线均用细实线绘制，尺寸起止符号用中粗斜短线（0.5*b*）绘制。

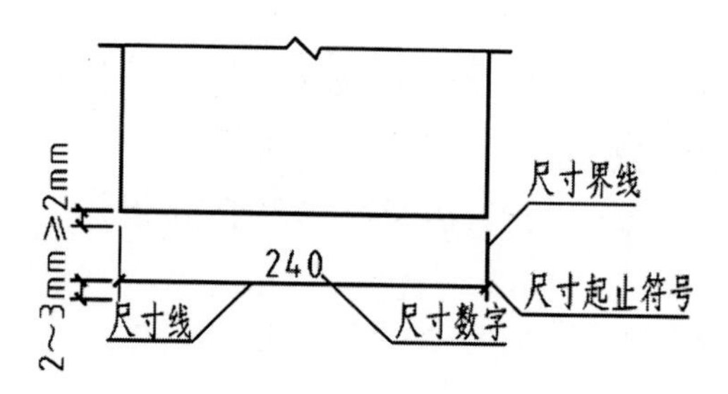

图 1-26　尺寸标注（一）

不论比例大小，图样上所注的尺寸均为实际尺寸，与图样的大小及绘图的准确度无关。

图样上的尺寸必须以 mm 为单位（标高及景观总平面图除外），在图上不必写出“毫米”或“mm”单位名称。物体的每一个尺寸一般只标注一次，并且应标注在反映该结构最清晰的图形上。

尺寸线应与被注长度平行。图样本身的任何图线均不得用作尺寸线。尺寸线与图样最外轮廓线的距离不宜小于 10mm，平行排列的尺寸线间距宜为 7～10mm，并应保持一致；且短尺寸在内，长尺寸在外（见图 1-27）。

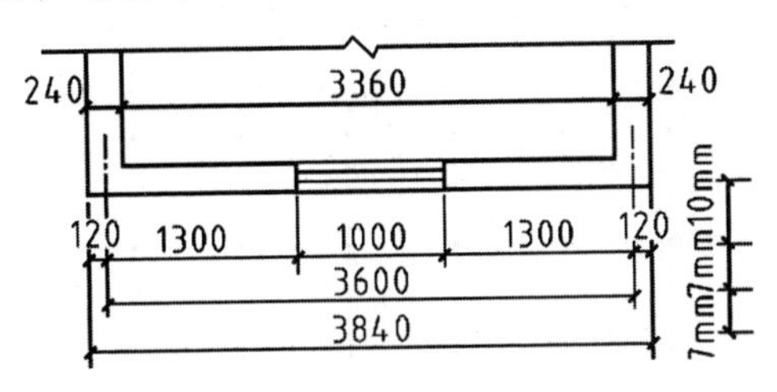

图 1-27　尺寸标注（二）

尺寸界线应以细实线绘制，一般应与被注长度垂直，其一端应离开图样轮廓线不小于 2mm，另一端宜超出尺寸线 2～3mm（见图 1-26）。图样轮廓线可用作尺寸界线。

尺寸起止符号表示所注尺寸的起止范围。其倾斜方向应以尺寸界限为基准，顺时针呈 45°角，长度为 2～3mm。半径、直径、角度及弧长的尺寸起止符号宜用箭头表示。

尺寸数字注写在尺寸线的上方中部，其注写方向由所标注的尺寸线位置确定。当尺寸线为水平方向时，尺寸数字应标注在尺寸线的上方；当尺寸线为垂直方向时，尺寸数字应注写在尺寸线的左侧，字头朝左（见图 1-28）。如果相邻的尺寸数字注写位置不够，可错开或引出注写。制图时，图样上的尺寸应以尺寸数字为准。尺寸数字不应从图上直接量取，即图样上的尺寸是实际尺寸，而不是从图上量取线段得到的尺寸。

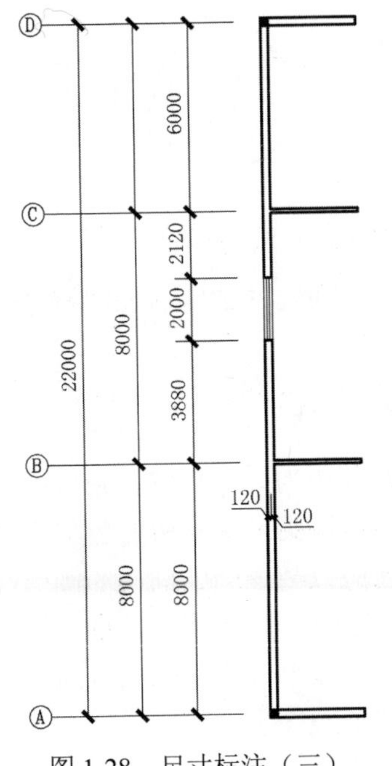

图 1-28　尺寸标注（三）

规定中采用的词是“宜”时，表示建议，并不是强行规定；但是，如果采用的词是“应”，则表示必须遵守。

2. 尺寸排列与布置的基本规定

尺寸宜标注在图样轮廓线以外，不宜与图线、文字及符号等相交，有时图样轮廓线也可用作尺寸界限。互相平行的尺寸线排列时，宜从图样轮廓线向外，先排小尺寸和分尺寸，后排大尺寸和总尺寸（见图 1-27）。第一层尺寸线与图样最外轮廓线之间的距离不宜小于 10mm。平行排列的尺寸线间距宜为 7～10mm，并应保持一致。各层的尺寸线总长度应一致。尺寸线应与被注长度平行，两端不宜超出尺寸界限。

3. 半径、直径、球的尺寸标注

半径（见图 1-29）：应一端从圆心开始，另一端画箭头，指向圆弧。半径数字前应加注半径符号“*R*”。

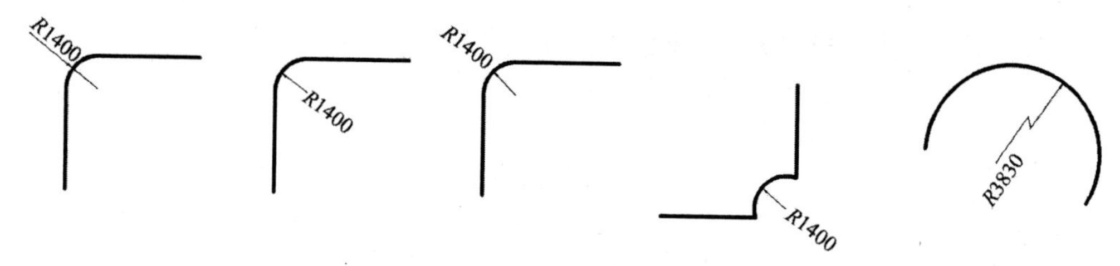

图 1-29　半径的尺寸标注

直径（见图 1-30）：直径数字前应加注符号“ϕ”，在圆内标注的直径尺寸线应通过圆心，较小圆的直径可以标注在圆外。

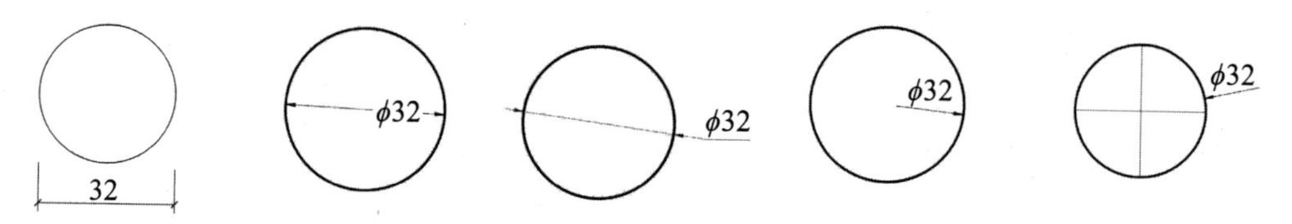

图 1-30　直径的尺寸标注

球：标注球的半径尺寸时，应在尺寸数字前加注符号“S*R*”；标注球的直径尺寸时，应在尺寸数字前加注符号“Sϕ”。

4. 角度、弧长、弦长的尺寸标注

角度的尺寸标注，以角的两条边为尺寸界限，角度的尺寸线应以圆弧表示，该圆弧的圆心应是该角的顶点，起止符号用箭头表示。角度数字应按水平方向注写（见图 1-31）。

标注圆弧的弧长时，尺寸线应以与该圆弧同心的圆弧线表示，尺寸界线应指向圆心，起止符号用箭头表示，弧长数字上方应加注圆弧符号“⌒”〔见图 1-32（a）〕。

标注圆弧的弦长时，尺寸线应以平行于该弦的直线表示，尺寸界线应垂直于该弦，起止符号用中粗斜短线表示〔见图 1-32（b）〕。

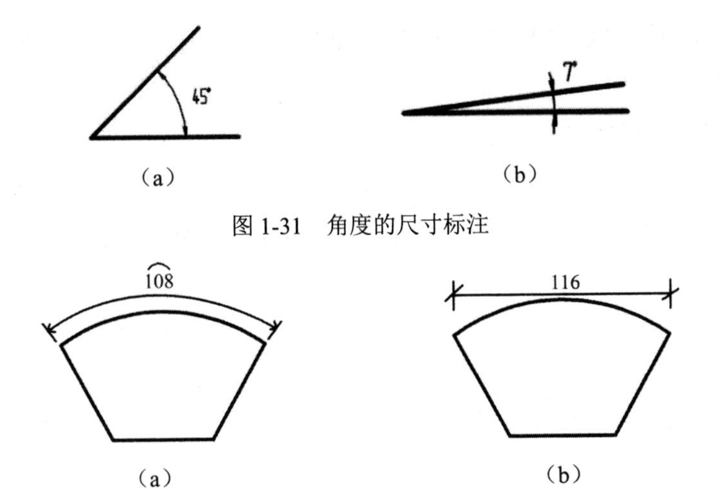

图 1-31　角度的尺寸标注

图 1-32　弧长、弦长的尺寸标注

5. 薄板厚度、正方形、坡度、非圆曲线等尺寸标注

与前面介绍的尺寸标注不一样，薄板厚度的尺寸标注〔见图 1-33（a）〕由引线和尺寸数字组成，尺寸数字前加符号“*t*”。

正方形的尺寸标注〔见图 1-33（b）〕，只标注正方形的一条可见边，尺寸数字前加符号“□”。

坡度的尺寸标注方法有三种〔见图 1-33（c）～图 1-33（e）〕：第一种和第二种均由一条直线和箭头组成，箭头方向表示地形较低方向。第一种坡度表示方法中数据用百分数表示，第二种坡度表示方法中数据用比例表示。第三种坡度表示方法由一个直角三角形和数据组成。

非圆曲线的尺寸标注方法有两种〔见图 1-33（f）和图 1-33（g）〕：第一种等分曲线，由水平和垂直两个方向的线性尺寸标注进行定位；第二种标注方法借助网格进行定位。

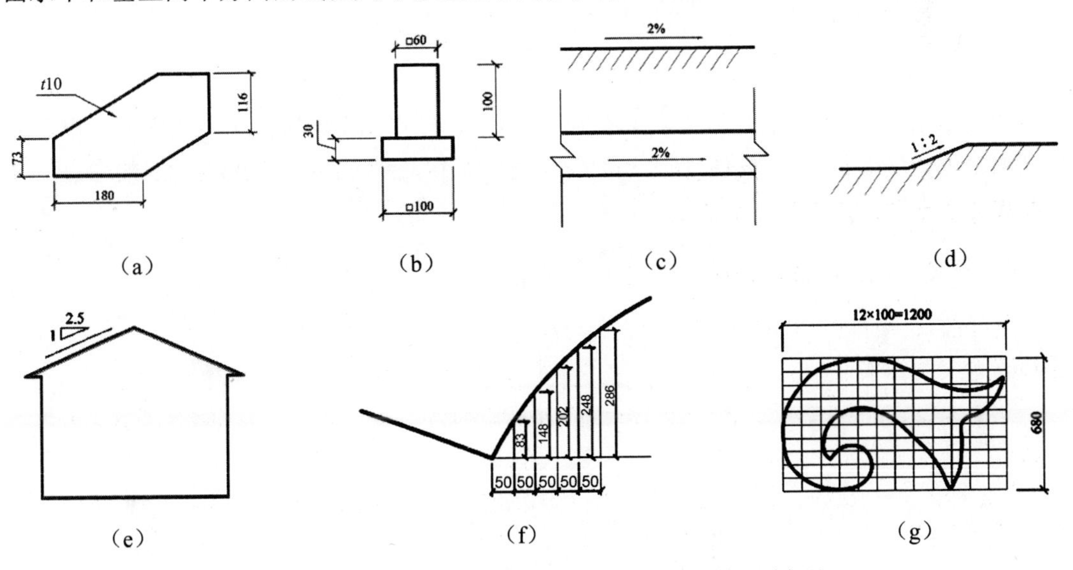

图 1-33　薄板厚度、正方形、坡度、非圆曲线等尺寸标注

1.5 几何制图

在建筑与室内制图中，大部分图样都是由几何图形组合而成的，为了能准确、快速地画出图样，首先必须掌握几何做图的原理和方法。几何做图是根据已知条件，以几何学的原理及作图方法，画出正确的几何图形。下面介绍常用的几何做图方法。

1.5.1 直线

1. 过已知点画已知直线的平行线

已知直线 *AB*，过线外 *C* 点作平行于直线 *AB* 的直线（见图 1-34）。借助等腰直角三角板，使三角板的一条直角边对齐直线 *AB*，另一条直角边紧靠 30° 直角三角板的斜边，30° 直角三角板固定不动，等腰直角三角板的直角边紧靠 30° 直角三角板慢慢移动，经过 *C* 点时，绘制直线 *DE*。直线 *DE* 是经过 *C* 点，且与直线 *AB* 平行的线条。

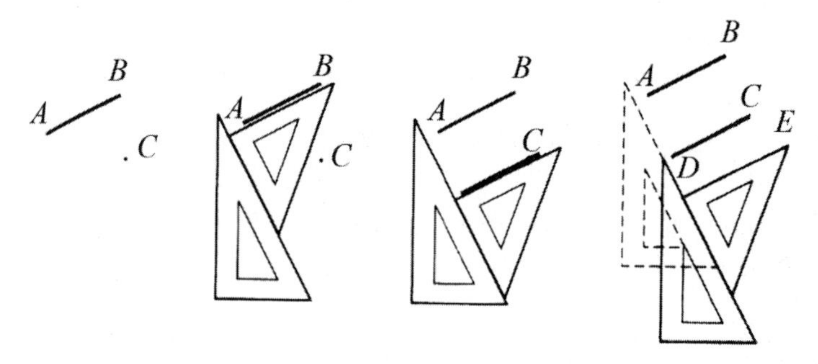

图 1-34　过已知点画已知直线的平行线

2. 二等分直线的作法

1）作法一

以端点 *A* 和 *B* 为圆心，以大于 *AB*/2 的长度为半径作圆（两圆的半径相同），得到两圆的交点 *C*、*D*。连接 *C*、*D* 两点得线段 *CD*，和 *AB* 相交于 *E*，*E* 点为线段 *AB* 的中点（见图 1-35）。

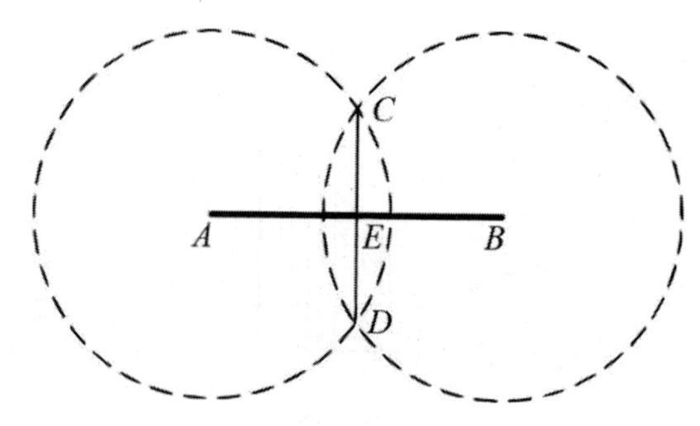

图 1-35　二等分直线的作法（一）

2）作法二

使用图板、三角板、丁字尺绘制。使丁字尺平行于线段 *AB*，将三角板的直角边紧靠丁字尺，并使斜边过 *A* 点作斜线。翻转三角板，按前一步骤，使斜边过 *B* 点作斜线。两条斜线相交于 *C* 点，过 *C* 点作垂直线与 *AB* 相交于 *D* 点，*D* 点为线段 *AB* 的中点（见图 1-36）。

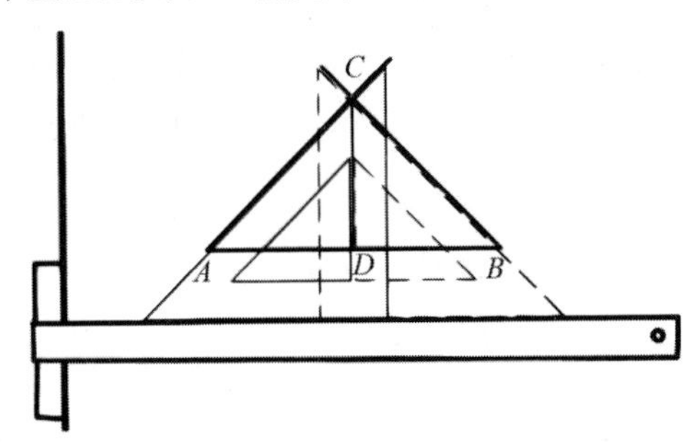

图 1-36　二等分直线的作法（二）

3. 任意等分直线的作法

1）作法一

以将线段 *AB* 等分成 6 份为例，自 *A* 点作任意角度的斜线，在斜线上分别标出 *C*、*D*、*E*、*F*、*G*、*H* 点，使相邻两点间的距离与线段 *AC* 相等，连接 *BH*，分别过 *C*、*D*、*E*、*F*、*G* 点作 *BH* 的平行线，平行线与 *AB* 的交点为线段 *AB* 的六等分点（见图 1-37）。

2）作法二

以将线段 *AB* 等分成 6 份为例，自 *B* 点作垂直线 *BC*，取刻度尺，将刻度“0”对准 *A* 点，旋转尺身，使第六等分点的刻度与 *BC* 相交，记录下刻度尺 1～6 点的位置，通过各点向 *AB* 作垂直线，垂直线与 *AB* 的 5 个交点为线段 *AB* 的六等分点（见图 1-38）。

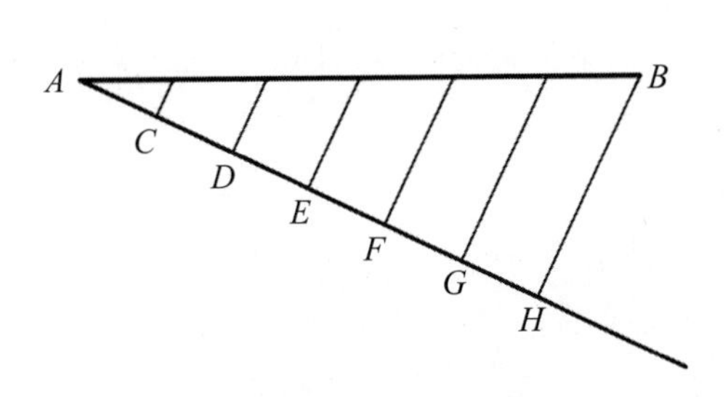

图 1-37　任意等分直线的作法（一）

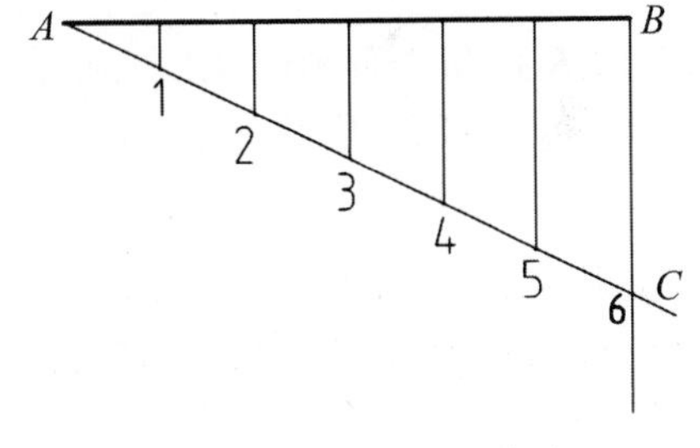

图 1-38　任意等分直线的作法（二）

4. 过已知直线作垂直线的作法

已知水平线 *AB*，过 *A* 点作垂直于 *AB* 的垂线（见图 1-39）。可利用勾股定理，即 $a^2+b^2=c^2$。作法如下：将 *AB* 分为四等段，每段长度为 l，以 *A* 为圆心、$3l$ 为半径作弧，以 *B* 为圆心、$5l$ 为半径作弧，两弧交于 *C* 点，连接 *CA*，*CA* 即 *AB* 的垂线。

5. 在已知两条平行线之间进行等分距离

已知相互平行的两条直线 *AB*、*CD*，要求将它们之间的距离分成 5 等份（见图 1-40）。

将刻度尺的刻度“0”与其中一条线段重合，将刻度“5”与另外一条线段重合，标出刻度尺上的“1、2、3、4”四个点，分别过这4个点绘制平行于*AB*、*CD*的4条平行线。这4条平行线5等分平行直线*AB*、*CD*之间的距离。

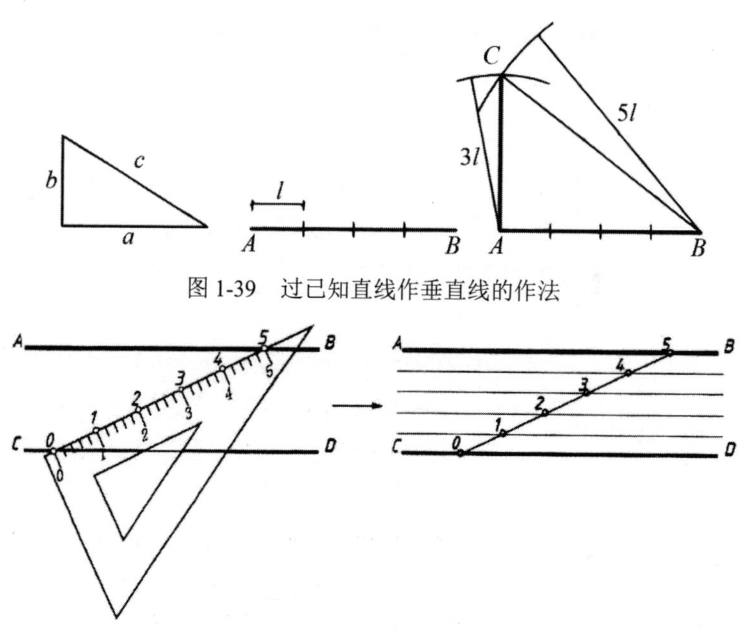

图1-39　过已知直线作垂直线的作法

图1-40　在已知两条平行线之间进行等分距离的作法

1.5.2　圆弧

1．过三点作圆弧

连接*AB*和*BC*，分别作*AB*和*BC*的中垂线，两条中垂线的交点即圆弧的圆心*O*，以*O*圆心、*OA*为半径即可作过三点的圆（见图1-41）。

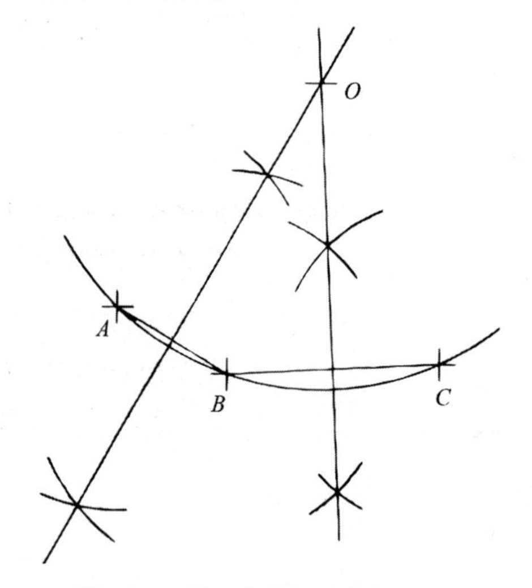

图1-41　过三点作圆弧的作法

2．作与已知两条直线相切的圆弧（圆弧半径已知）

在直线 *AB*、*CD* 上定四个任意的点 *a*、*b*、*c*、*d*，以这四点为圆心分别作半径为 *R* 的圆弧，再分别作圆弧的共切线，两条共切线相交于 *O* 点，过 *O* 点分别作直线 *AB*、*CD* 的垂线 *OE*、*OF*，线段 *OE*、*OF* 的长度等于半径 *R*。以 *O* 为圆心、*OF* 为半径画圆弧，止于 *E* 点（见图 1-42）。

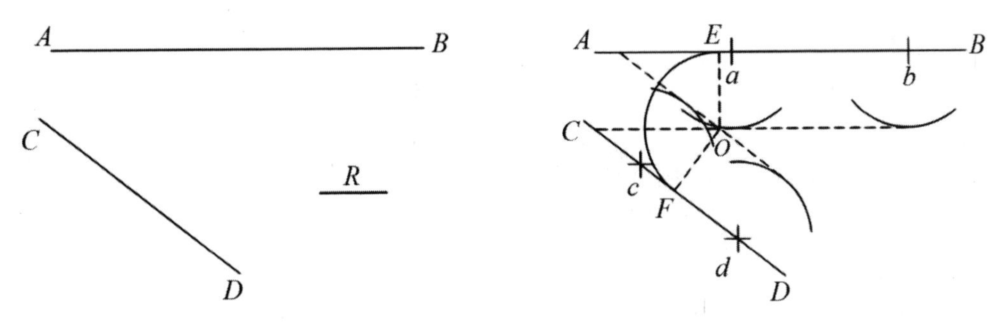

图 1-42　作与已知两条直线相切的圆弧

3．过已知点作圆弧与已知圆弧相切

已知圆弧$\overset{\frown}{AB}$及其圆心 *O*，过 *C* 点作圆弧与圆弧$\overset{\frown}{AB}$相切。连接 *BC*，用之前介绍过的二等分直线方法画出 *BC* 的中垂线，连接 *OB* 并延长，延长线交中垂线于 *O'*点，以 *O'*点为圆心、*O'B* 为半径画圆弧$\overset{\frown}{BC}$（见图 1-43）。

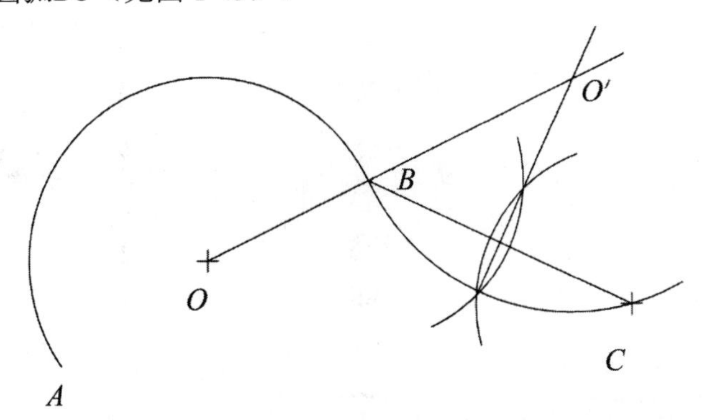

图 1-43　过已知点作圆弧与已知圆弧相切

1.5.3　多边形

已知外接圆，作正七边形（见图 1-44）。过圆心作水平线交圆于 *A*、*B* 两点，分别以 *A*、*B* 两点为圆心、*AB* 为半径画圆弧，两圆弧交于 *C* 点。将线段 *AB* 等分为七段，连接 *C*2 并延长，延长线交圆于 *D* 点，*BD* 即正七边形的边长，连接 *C*4、*C*6 并延长即可得正七边形的另外两个顶点 *E*、*F*。

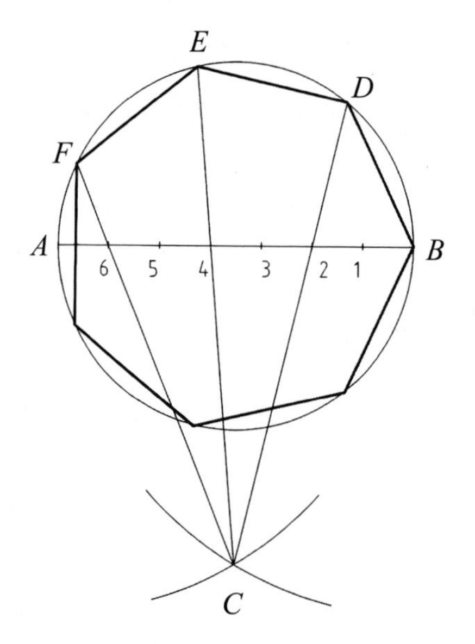

图 1-44　正七边形的作法

本 章 小 结

本章介绍了制图的基本知识。其中包含制图工具及使用注意事项、图纸图幅、尺寸标注与字体的国家标准、几何制图的绘制方法等。制图基础非常重要，它对于读者以后的专业学习有极大的帮助，特别是制图与识图的学习。

思考与练习

1．思考题

（1）为什么要学习设计制图？
（2）简述常用的绘图工具。
（3）图纸幅面分为哪几种？A4 幅面图纸的尺寸是多少？
（4）尺寸标注由哪几部分组成？
（5）尺寸标注采用什么线绘制？

2．课后学习资料

《房屋建筑制图统一标准》（GB/T 50001—2017）
《总图制图标准》（GB/T 50103—2010）
《建筑制图标准》（GB/T 50104—2010）

第 2 章　投影与形体的表达

本章学习提要

掌握投影概念和分类，掌握正投影法的投影特性。熟练掌握三视图的画法依据，掌握剖面图、断面图的画法及其区别，为后续专业学习奠定基础。

知识点

- 投影方法。
- 点、线、面的投影。
- 基本视图。
- 剖面图与断面图。
- 其他表达方法。

重点

- 正投影法的特点。
- 三视图的绘制。
- 剖面图、断面图的绘制。

2.1　投 影 方 法

在二维平面图纸上，要准确地表达出三维物体的形状和大小，就需要运用投影的方法。在环境设计制图中，图形的绘制利用了影子的特性。只要掌握投影原理和投影方法，就容易学会制图和识图。

2.1.1　投影的概念

在日常生活中，物体在灯光或日光的照射下，会在地面、墙面或其他表面上产生影子（见图 2-1）。这种影子在一定程度上反映了物体的形状和大小，但它仅反映了物体的外轮廓，而不能真正反映物体的空间形状。

投影法把这种自然现象进行归纳，假设从光源发出的光线能够穿透物体，光线把物体的每个顶点和棱线都投射到地面或墙面上，这样所得到的影子就能表达出物体的形状，这个过程称为物体的投影（见图 2-2）。在制图中，把表示光线的线称为投影线，把落影平面称为投影面，所产生的影子称为投影图。

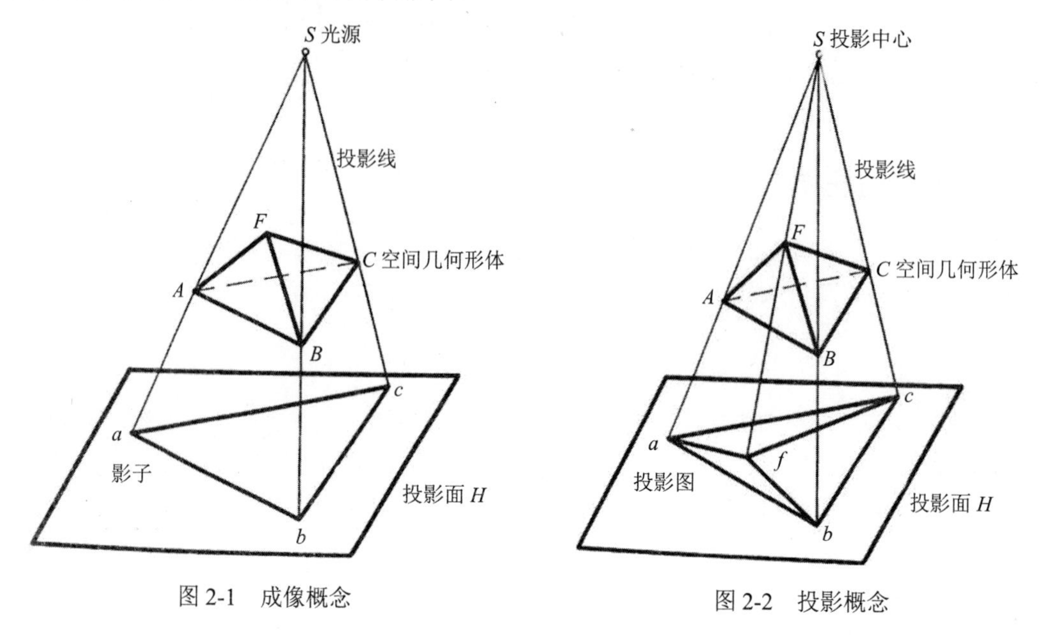

图 2-1　成像概念　　图 2-2　投影概念

2.1.2　投影分类

根据投影中心与投影面的相对位置，可将投影法分为两大类：中心投影法和平行投影法。

1．中心投影法

所有投影线都交于投影中心（一点）的投影方法称为中心投影法（见图 2-3）。这时的投影不反映其真实形状和大小，且随着物体位置的不同，其投影也随之变化。中心投影法常用于绘制透视图（见图 2-4）。

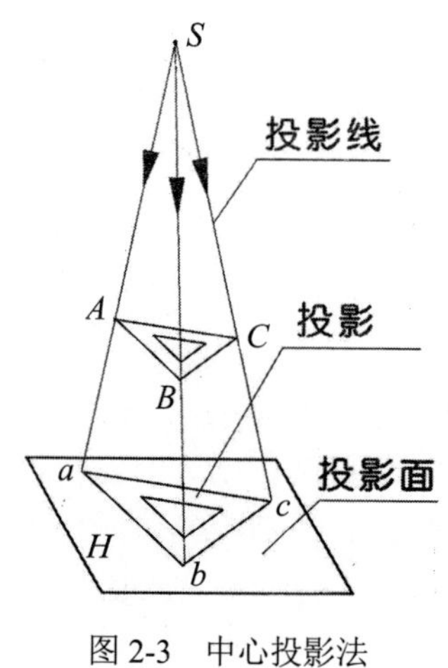

图 2-3　中心投影法

图 2-4　中心投影法的运用——透视图

2．平行投影法

将光源移至无限远处，则靠近物体的所有投影线都可以看成是相互平行的，当平行发射的光照在物体上时，会在物体后方的投影面上得到该物体的影像。这种投影是平行光照射的，所以称为平行投影法（见图 2-5）。

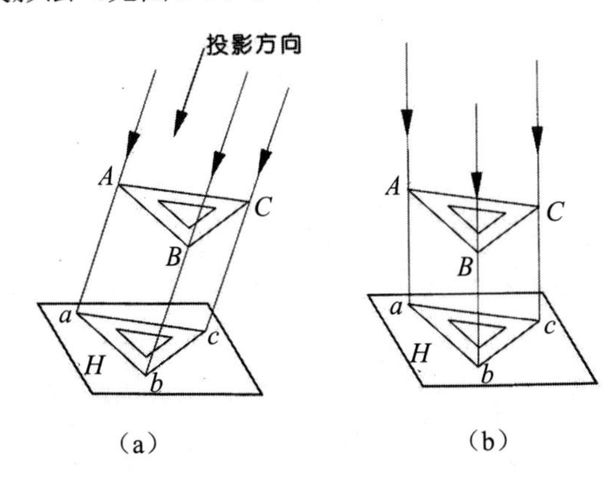

图 2-5　平行投影法

根据投影线与投影面是否垂直，平行投影法又分为以下两种。

1）斜投影法

相互平行的投影线倾斜于投影面的投影法称为斜投影法〔见图 2-5（a）〕。斜投影法的画法简便，有立体感，各线段能反映实际尺寸，可以直接度量，主要用于绘制轴测图（见图 2-6）。

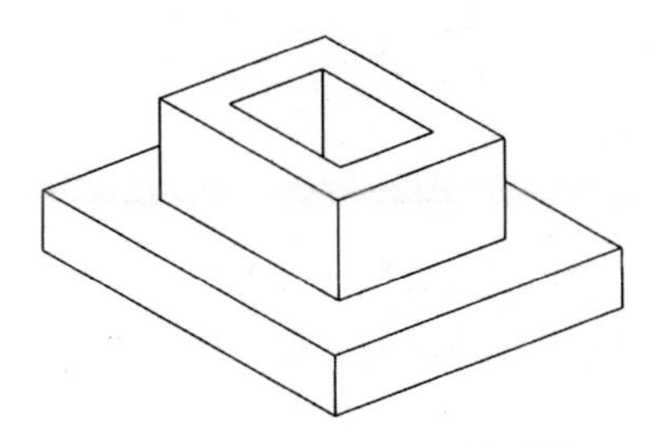

图 2-6　斜投影法——轴测图

2）正投影法

投影线彼此平行且垂直于投影面的投影方法称为正投影法〔见图 2-5（b）〕。正投影法的作图简便，可度量性好，可用于绘制建筑、室内、景观的平面图、立面图、剖面图、详图等（见图 2-7）。正投影法是工程图样的主要图示方法，用正投影法得到的投影称为正投影。

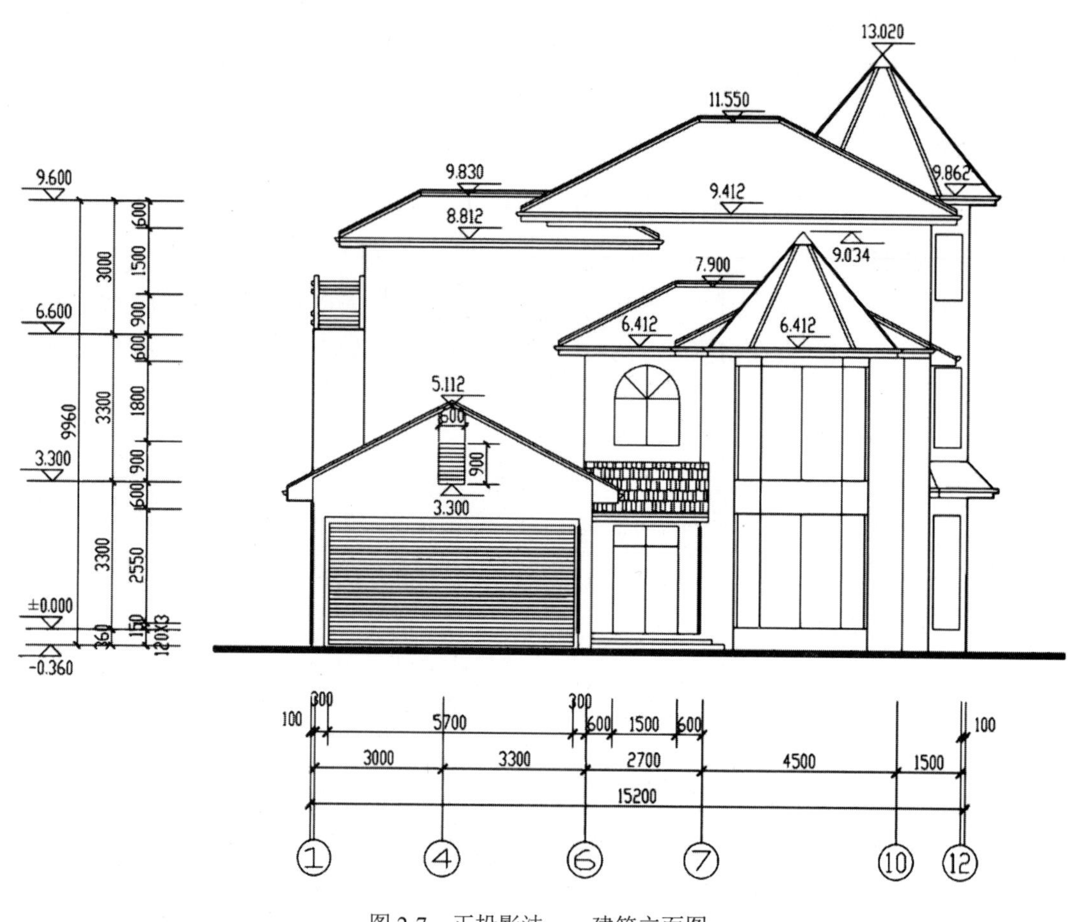

图 2-7 正投影法——建筑立面图

2.2 三 视 图

2.2.1 三面投影的基本原理

单一正投影不能完全确定物体的形状和大小（见图 2-8），由一面正投影可推得无数个三维物体。只有三面正投影才能基本确定物体的形状和大小（见图 2-9）。

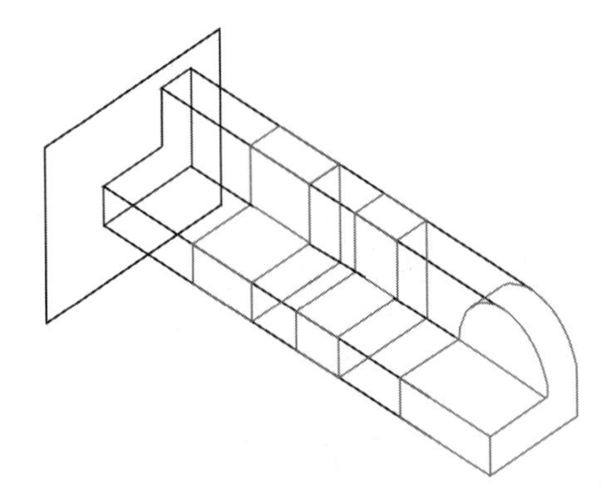

图 2-8　一面正投影

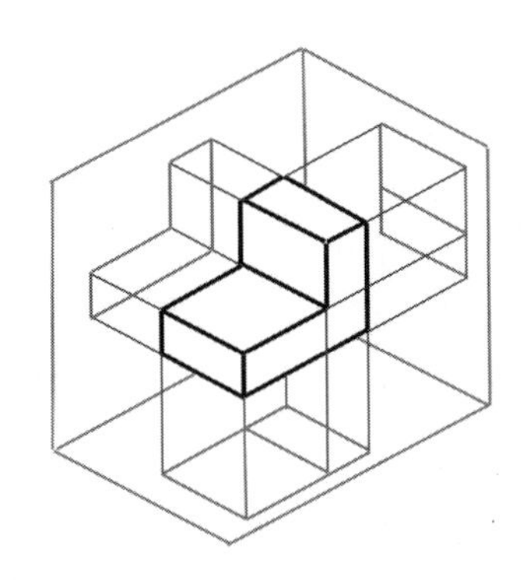

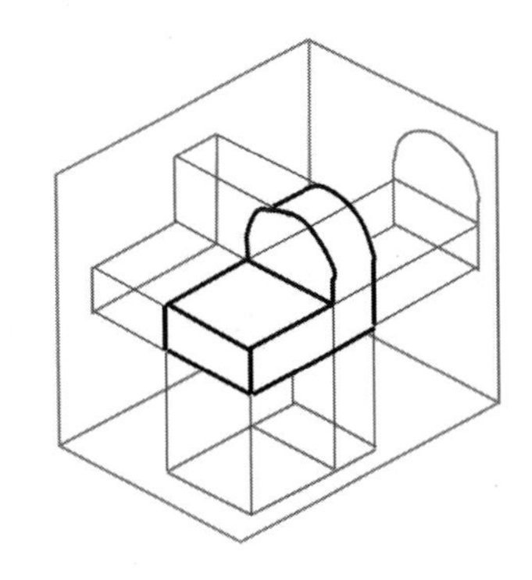

图 2-9　三面正投影

2.2.2　三视图的形成

如图 2-10 所示，取三个互相垂直相交的平面构成三面投影体系。三个投影面分别为：

（1）正立投影面 *V*，简称正面。

（2）水平投影面 *H*，简称水平面。

（3）侧立投影面 *W*，简称侧面。

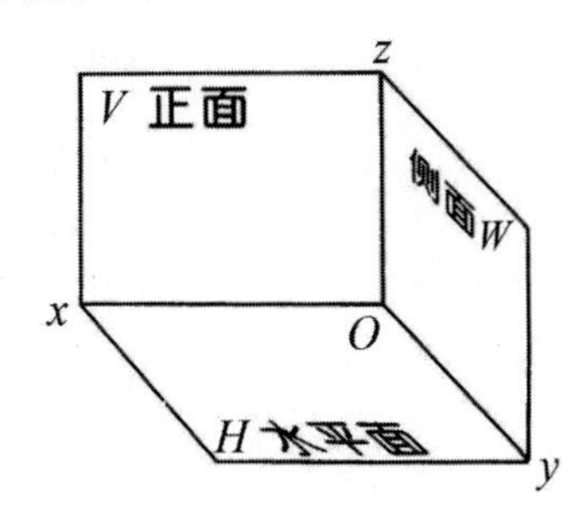

图 2-10　三面投影体系

每两个投影面的交线 *Ox*、*Oy*、*Oz* 称为投影轴，三个投影轴互相垂直相交于一点 *O*，这个点称为原点。

将物体置于三面投影体系中，并使其主要面处于平行于 *V* 投影面的位置，用正投影法

分别向 V、H、W 面投影，即可得到物体的三个投影，这三个投影通常称为三视图（见图 2-11）。

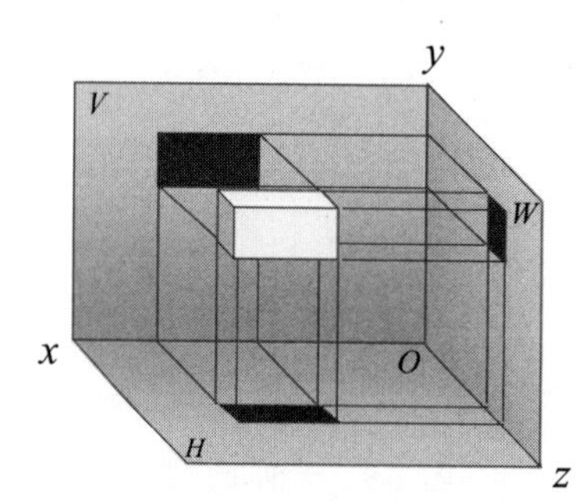

图 2-11 空间中的三视图

三个视图分别为：

（1）主视图：由前向后投影，在 V 面上得到的投影图。

（2）俯视图：由上向下投影，在 H 面上得到的投影图。

（3）左视图：由左向右投影，在 W 面上得到的投影图。

注意：国家标准规定，视图中的可见轮廓线均用实线表示；不可见轮廓线用虚线表示；对称线和中心线用点画线表示（见表 2-1）。

表 2-1 线条的种类

种类	实线	虚线	点画线
图例	————————	----------------------	-·-·-·-·-·-·-·-
意义	可见轮廓线、剖断线、材料线	实物被遮挡部分或辅助线	对称线、中心线

2.2.3 三面投影的展平

为了能在一张图纸上同时反映三个视图，必须把三个互相垂直的投影面按一定规则展开摊平在平面上。展平方法是：正面 V 保持不动，水平面 H 绕 Ox 轴向下旋转 90°，侧面 W 绕 Oz 轴向右旋转 90°，使 V、H、W 面位于同一平面上（见图 2-12）。

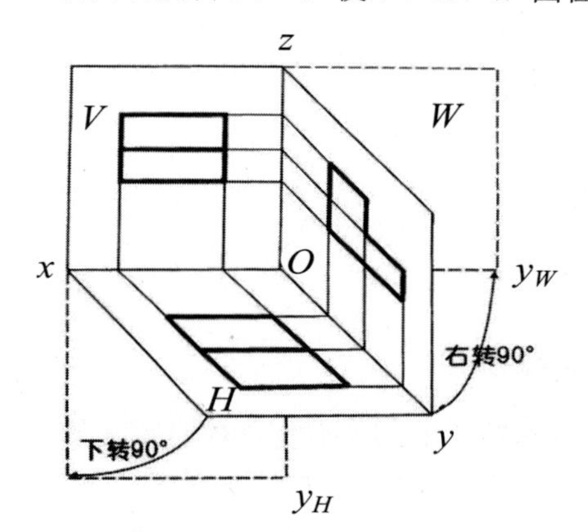

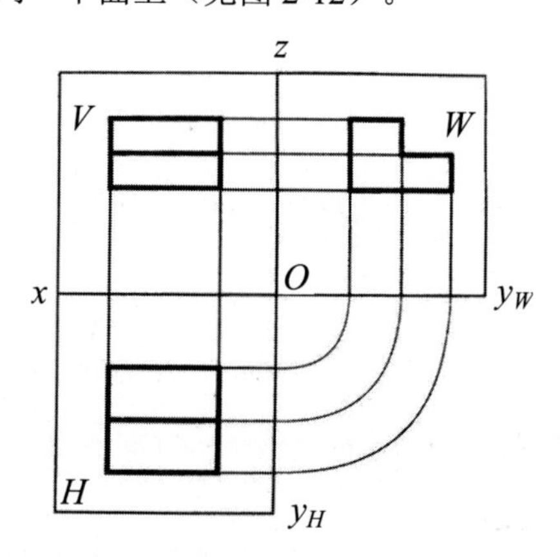

图 2-12 三视图的展开与摊平

Oy 轴是 W 面与 H 面的交线，投影面展平后的 y 轴被分为两部分，随 H 面旋转的 y 轴用 y_H 表示，随 W 面旋转的 y 轴用 y_W 表示。

2.2.4　三视图之间的对应关系

三视图之间的对应关系为：正面投影与水平投影长度对正；正面投影与侧面投影高度平齐；水平投影与侧面投影宽度相等。即“长对正、高平齐、宽相等”（见图 2-13）。

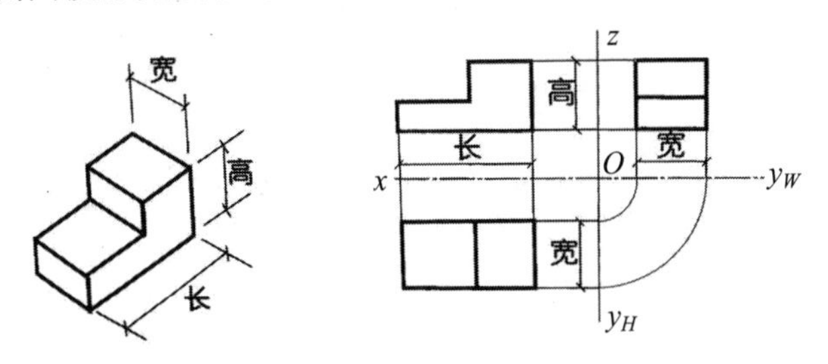

图 2-13　三视图之间的对应关系

2.2.5　三视图的基本画法

（1）由轴测图想出三视图的形状，画出草图。

（2）在规定位置绘制主要特征面。

（3）根据“三等关系”画出和补全其他投影（见图 2-14）。

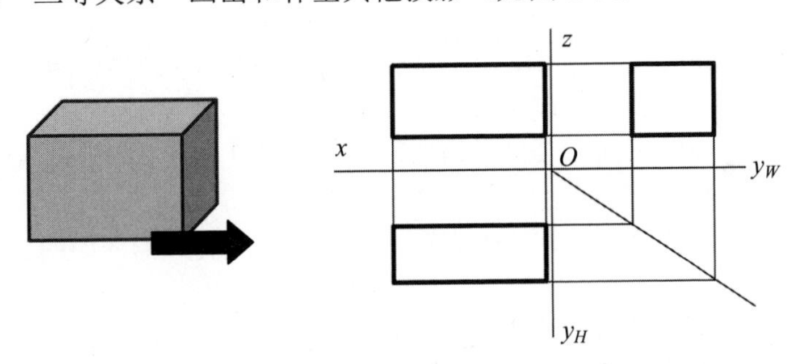

图 2-14　三视图的绘制

2.3　点线面的投影

2.3.1　点的投影

点的投影仍为点。如图 2-15 所示，点 A 的投影为 a。在投影作图中规定，空间点用大写字母表示，其投影用小写字母表示，位于同一投影线上的各点，其投影重合为一点，规定下面点的投影要加上括号，如图 2-15 中 A、B 的投影 $a(b)$。

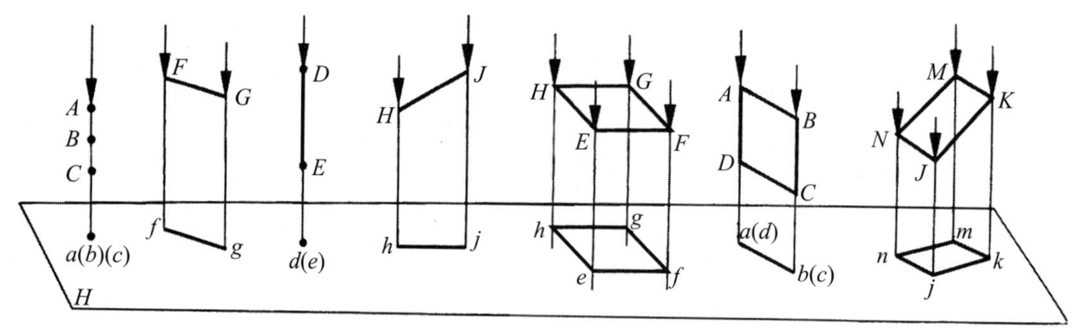

图 2-15　点、直线、平面的正投影特性

2.3.2　线的投影

（1）平行于投影面的直线，其投影仍为一条直线，且投影与空间直线长度相等，即投影反映空间直线的实长。如图 2-15 中直线 *FG* 的投影 *fg*。

（2）垂直于投影面的直线，其投影积聚为一个点，如图 2-15 中 *DE* 的投影 *d*(*e*)。

（3）倾斜于投影面的直线，其投影仍为一条直线，但投影长度比空间直线短，如图 2-15 中 *HJ* 的投影 *hj*。

为了便于记忆，直线的投影特点可归纳为：平行投影长不变，垂直投影聚为点，倾斜投影长缩短。

2.3.3　面的投影

（1）平行于投影面的平面，其投影与空间平面的形状、大小完全相同，即投影反映空间平面的实形。如图 2-15 中平面 *EFGH* 的投影 *efgh*。

（2）垂直于投影面的平面，其投影积聚为一条直线，如图 2-15 中平面 *ABCD* 的投影 *a*(*d*)*b*(*c*)。

（3）倾斜于投影面的平面，其投影为小于空间平面的类似形，如图 2-15 中 *MNJK* 的投影 *mnjk*。

为了便于记忆，平面的投影特点可归纳为：平行投影真形显，垂直投影聚为线，倾斜投影形改变。

2.4　体　投　影

要想正确绘制物体的投影，不仅要了解点线面的投影特性，更要了解物体的投影特性。

2.4.1　基本体的分类与三视图

基本体分为平面体和曲面体。平面体是由平面围成的物体，如四棱柱、四棱锥、三棱锥等。曲面体是由回转面与平面围成，或者是由曲面围成的物体，如圆柱、圆锥、圆球、圆环等。

1. 平面体

1）棱柱体

以六棱柱为例，它由顶面、底面和六个侧面围成，顶面、底面为正六边形，六个侧面为矩形。其三视图（见图 2-16）：从上向下看为正六边形；从前向后看为矩形，中间有两条竖直线；从左向右看为矩形，中间有一条竖直线。

在绘制三视图时，首先要绘制出基准线，绘制特征面（正六边形），然后利用“长对正”绘制主视图，再利用“高平齐、宽相等”绘制左视图。

2）棱锥体

以正三棱锥为例，其底面为等边三角形，三个侧面分别为三角形。其三视图（见图 2-17）：俯视图为等边三角形；主视图为三角形，中间有一条竖直线；左视图为三角形。

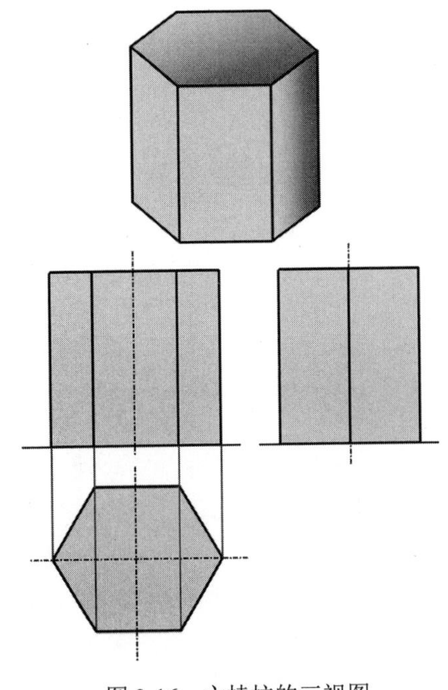

图 2-16　六棱柱的三视图

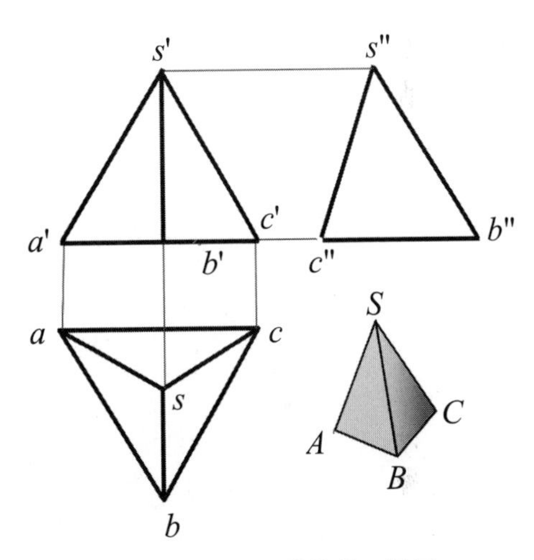

图 2-17　正三棱锥的三视图

在绘制三视图时，首先要绘制俯视投影特征面（等边三角形），包括中间的棱，然后利用“长对正”绘制主视图，再利用“高平齐、宽相等”绘制左视图。

2. 曲面体

1）圆柱

圆柱由顶面、底面和侧面组成。侧面是由一条平行于轴线的素线绕轴线一圈围成的。其三视图（见图 2-18）：俯视图为圆形，主视图和左视图均为矩形。

在绘制三视图时，首先要绘制出基准线，绘制特征面（圆形），再利用“三等”规律绘制出主视图和左视图。圆柱两侧的转向线将圆柱分成了前半柱和后半柱；前后的转向线将圆柱分成了左半柱和右半柱。

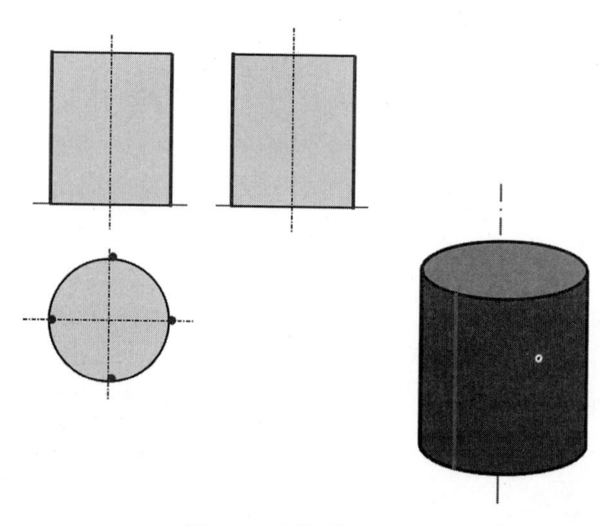

图 2-18　圆柱的三视图

2）圆锥

圆锥由圆锥面和圆形底面组成。其三视图（见图 2-19）：俯视图为圆形，主视图和左视图均为三角形。

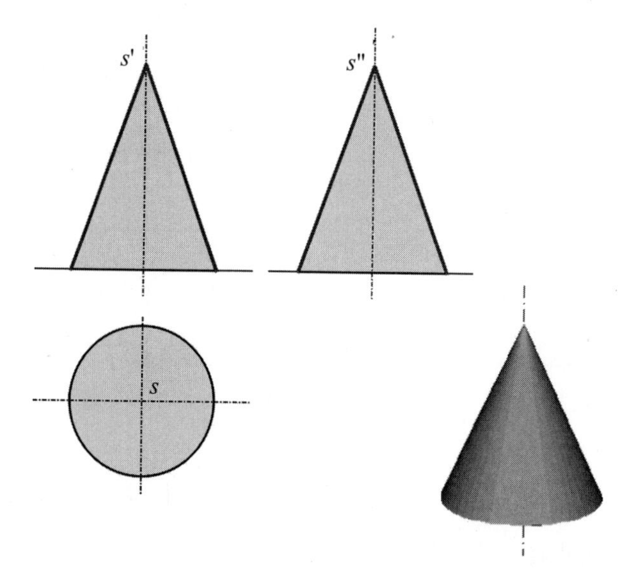

图 2-19　圆锥的三视图

在绘制三视图时，首先绘制出基准线，绘制特征面（圆形），再利用“三等”规律绘制出主视图和左视图。同样，主视图上的两条线将圆锥分成了前半锥和后半锥；左视图上的两条线将圆锥分成了左半锥和右半锥。

3）球

球是一个圆绕轴线旋转一周形成的。其三视图（见图 2-20）均为圆形。在绘制三视图时，首先绘制基准线，然后绘制三个投影。俯视图上的圆将球分成上半球和下半球；主视图上的圆将球分成前半球和后半球；左视图上的圆将球分成左半球和右半球。

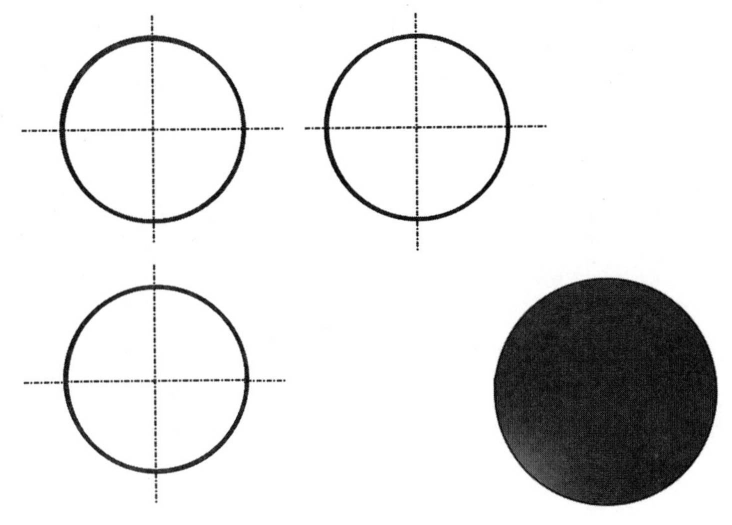

图 2-20　球的三视图

2.4.2　组合体的投影

由若干个基本几何体按一定的位置经过叠加或切割组成的物体，称为组合体。

在绘制组合体的三视图之前，应借助形体分析法对其进行分析：将组合体分解为若干个简单的基本形体；分析它们之间的相对位置；分析它们的组合形式，一般有叠加、切割等形式。

绘制三视图的步骤如下：

（1）形体分析，分清组成部分、相对位置、组合方式。

（2）选择主视方向（形状特征）。

（3）摆放位置（平行或垂直投影面）。

（4）选择比例、布置视图。

（5）开始画图。

2.5　基本视图与镜像视图

2.5.1　基本视图

1. 六个基本视图的形成

视图是从某一方向观察形体，以正投影的方法画出的反映形体形状和结构的图形。要想比较全面地了解一个形体的形状，一般应从六个方向观察（见图 2-21），即上、下、左、右、前、后，采用正投影法画出其投影图，就可以得到六面基本视图，即主视图、左视图、俯视图、右视图、仰视图和后视图。常用的是主视图、左视图和俯视图，又称三视图（见图 2-22）。

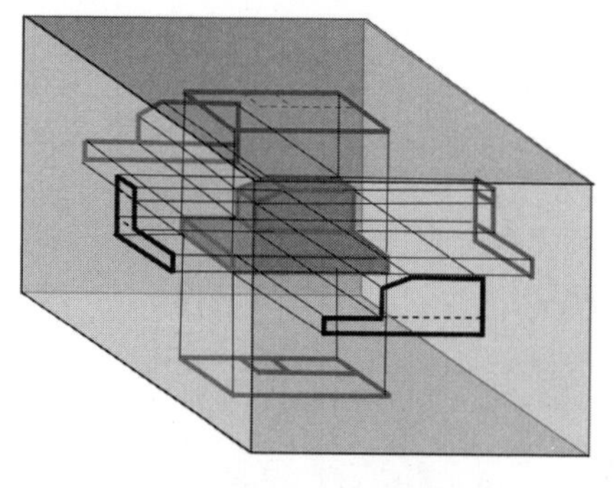

图 2-21　六个方向的正投影

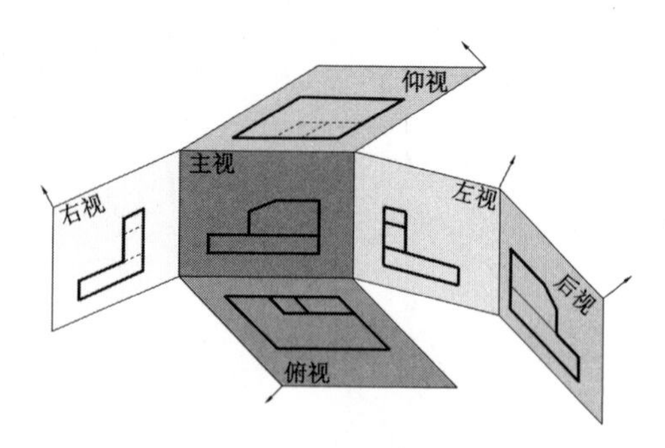

图 2-22　六面投影名称

2. 视图布置

六个视图可按展开位置布置（见图 2-23）；若不按展开位置布置，则需要备注视图名称（见图 2-24）。

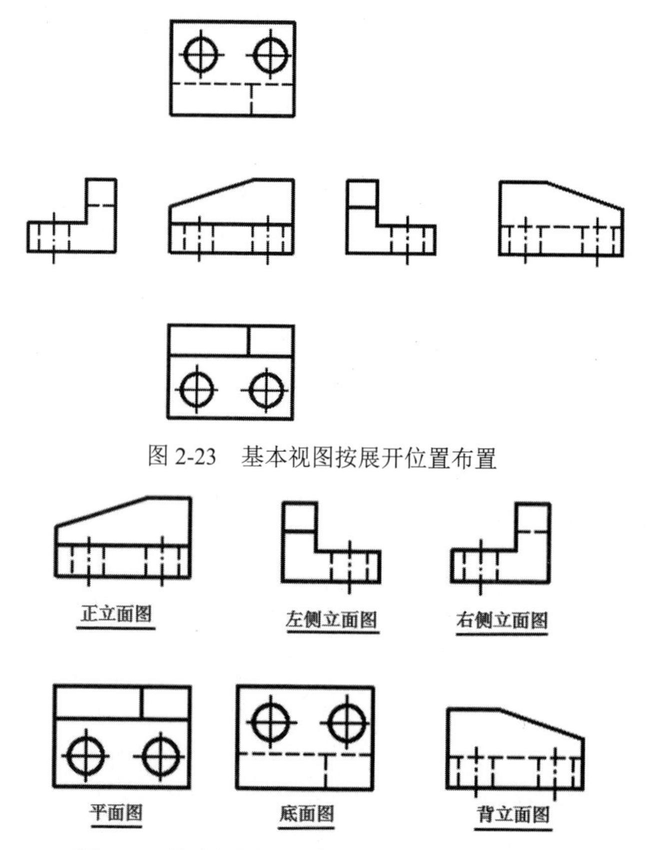

图 2-23　基本视图按展开位置布置

图 2-24　基本视图不按展开位置布置（加图名）

2.5.2　镜像视图

镜像视图是形体在镜面中反射所形成的正投影。常用于绘制室内工程图中的顶棚平面图（见图 2-25）。

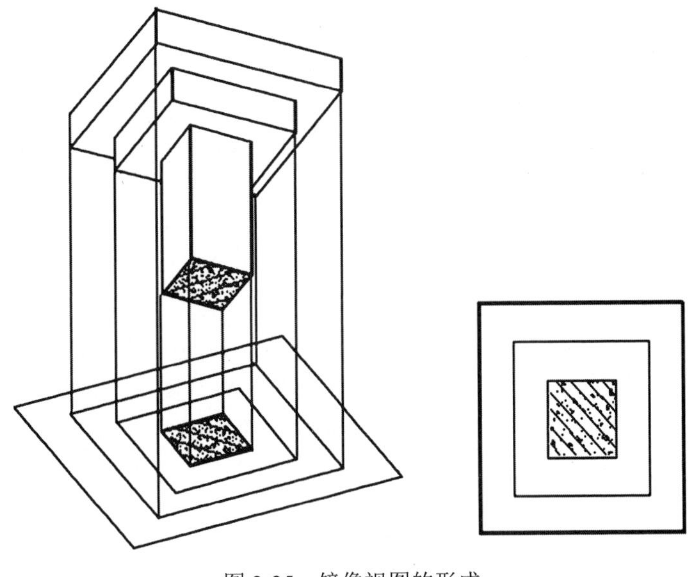

图 2-25　镜像视图的形成

2.6　剖面图与断面图

2.6.1　剖面图

1．剖面图的形成

在室内设计、景观设计、家具设计的制图中，还有一种不可缺少的表示方法，那就是剖面图。剖面图是假设物体被一个切面切开后移去被切部分，以反映物体内部构造的表示法（见图 2-26）。通常在三视图中，可用虚线表示隐蔽部分，但其不能显示物体内部的真实状况，剖面图则可作为对三视图的补充，它对工艺、工程施工具有不可或缺的作用。

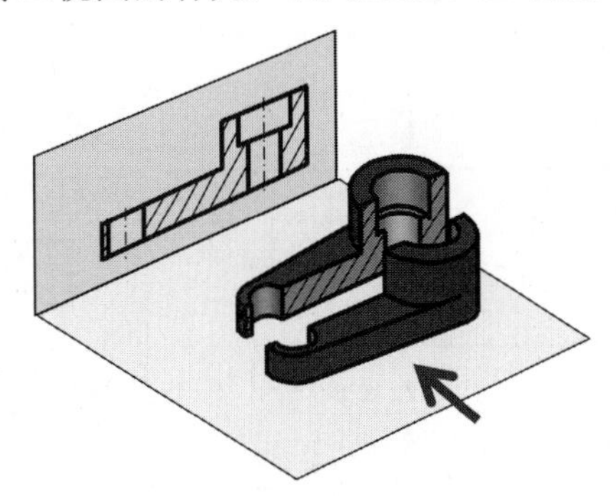

图 2-26　剖面图的形成

2．绘制剖面图应注意的问题

（1）剖切平面应平行于投影面。

（2）剖切平面一般应通过物体的对称面或内部横孔、槽结构的轴线。

（3）剖切平面后面可见部分的投影应全部画出。

（4）采用剖面图后，对已经表达清楚的结构，虚线可以省略不画。

（5）确定剖切位置，画出剖切线、视向线，并标注视图名称（用数字或大写英文字母）。

（6）在剖切截面上绘制材料图例，若不清楚对应材料，统一用倾斜 45° 的相互平行的线段填充（见图 2-27）。

（7）由于剖切是假想的，所以除剖面图外，其余投影图仍应按完整的形体来绘制。

3. 剖面图的标注

剖切符号由剖切位置线和剖视方向线两部分组成。剖切位置线长 6～10mm，剖视方向线长 4～6mm，均以粗实线绘制。在图中，剖切符号不宜与图上的图线接触。用于标注剖切符号的编号，一般采用阿拉伯数字，书写在表示投影方向的短粗实线的一侧。

当一个形体需要画几个剖面图时，剖切符号的编号应按顺序由左至右、由下至上连续编排（见图 2-28）。

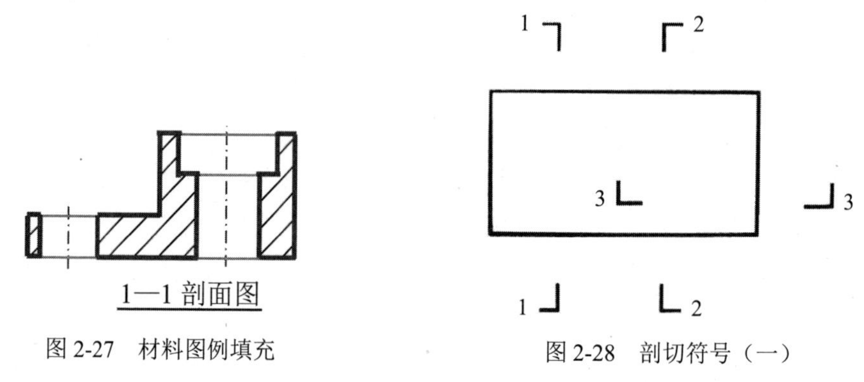

图 2-27　材料图例填充　　图 2-28　剖切符号（一）

当剖面图与被剖切图样不在同一张图纸上时，应在剖切线下标注所在图纸的图号（见图 2-29）。

为了便于读图，在剖面图的下方或一侧应标注图名，并在图名下画一条粗横线，其长度等于标写文字的长度（见图 2-30）。

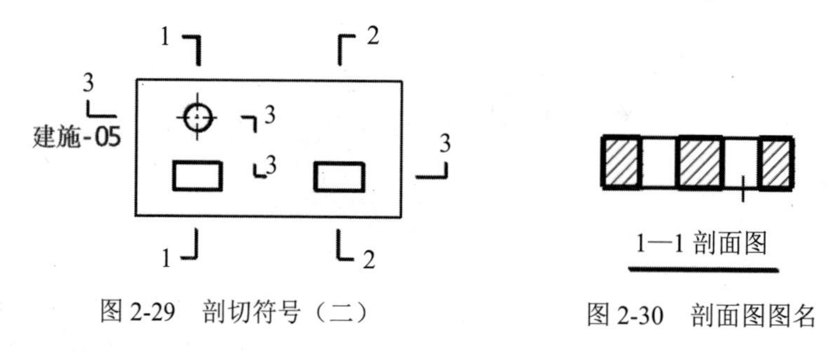

图 2-29　剖切符号（二）　　图 2-30　剖面图图名

4. 剖面图的种类

1）全剖面图

假想用一个剖切平面完全地剖开形体所得到的剖面图，称为全剖面图。全剖面图主要用来表达外形简单、内部形状较复杂而又不对称的物体（见图 2-31）。

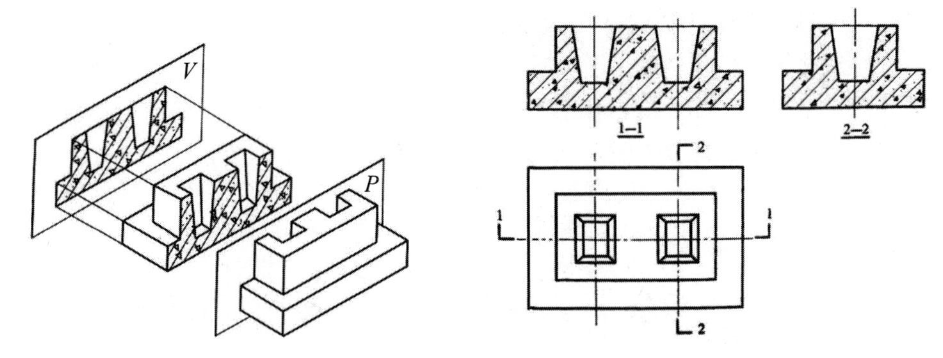

图 2-31　全剖面图

2）半剖面图

用一个剖切平面将形体剖开一半所得到的剖面图，称为半剖面图。当形体对称且内部、外部的形状均需要表达时，其投影图以对称线为界，一半绘制外形视图，一半绘制剖面图（见图 2-32）。分界线应画成点画线，不能画成粗实线。

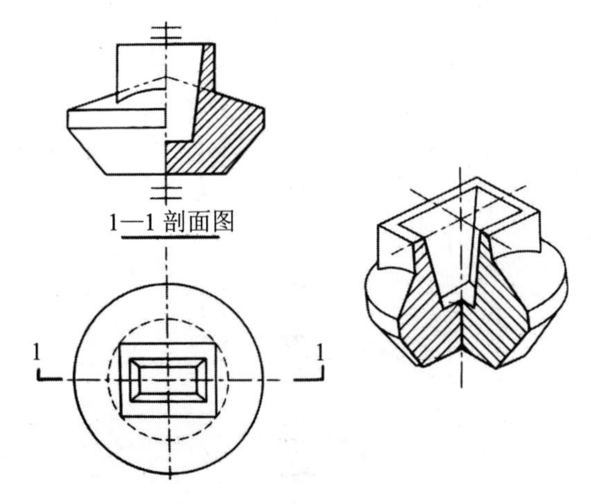

图 2-32　半剖面图

3）局部剖面图

将形体局部剖切后所得到的剖面图，称为局部剖面图（见图 2-33）。当物体仅需局部表达内部形状而无须采用全剖或半剖时，可采用局部剖面图。

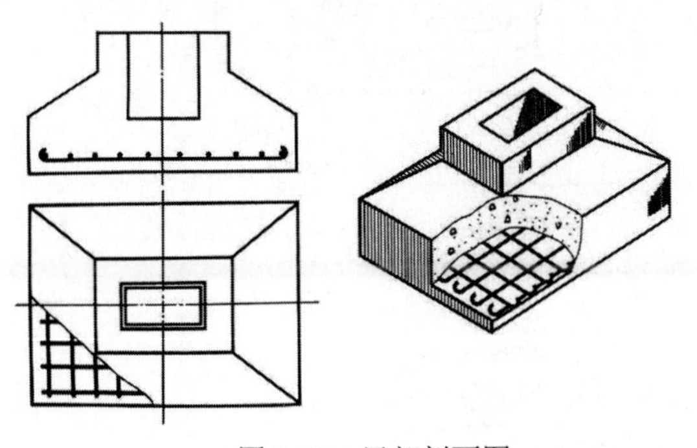

图 2-33　局部剖面图

4）分层局部剖面图

对于多层次构造，则需绘制出分层局部剖面图。这种方法多用于地面、墙面、屋面等处的构造（见图 2-34）。图 2-34 中用分层局部剖切的方法表示楼层地面所用的材料和构造方法。其中三条波浪线作为分界线，分别把三层的构造都表达清楚了。

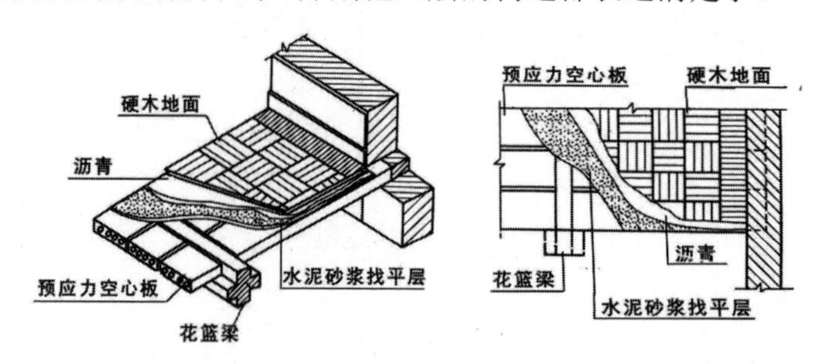

图 2-34　分层局部剖面图

5）阶梯剖面图

用几个平行的剖切平面剖开构件所得到的剖面图，称为阶梯剖面图（见图 2-35）。剖面图转折处不应画线。

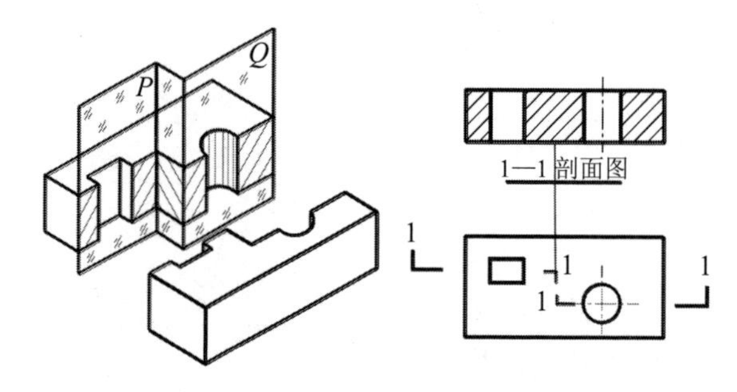

图 2-35　阶梯剖面图

6）旋转剖面图

围绕中间轴线的几个剖切平面剖开构件所得到的剖面图，称为旋转剖面图（见图 2-36）。剖面图图名最后加“展开”二字。

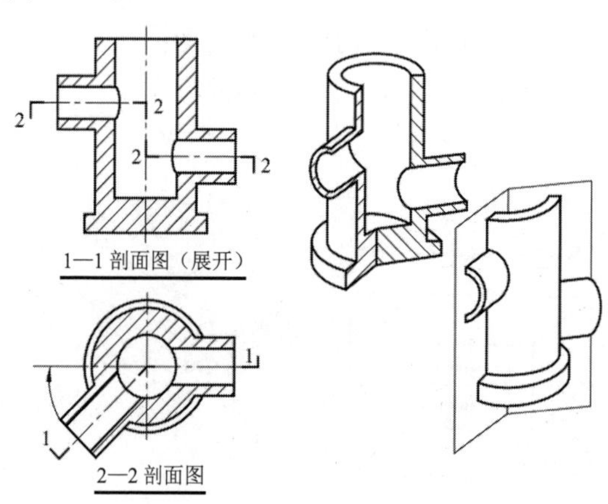

图 2-36　旋转剖面图

2.6.2 断面图

1. 断面图的基本概念

断面图又称截面图。用平行于投影面的假想剖切平面将物体的某处断开，仅画出该剖切面与形体接触部分（剖面区域）图形的投影，这个投影面称为断面图，简称断面。

2. 断面图标注

剖切符号只画剖切位置线，长度为 6～10mm。编号用阿拉伯数字写在断面剖视方向同侧。断面名称注写在相应图样的下方，可省略“断面”二字（见图 2-37）。

3. 常见的几种断面图

断面图主要用于表达物体的断面形状，绘制时根据断面图的布置不同，可分为移出断面图、重合断面图和中断断面图三种形式。

1）移出断面图

画在投影图之外的断面图称为移出断面图。这是常见的一种断面形式。其位置在剖切线的延长线上，如图 2-38 中的 1—1 断面图；也可将断面图布置在图纸的任一位置，但必须在剖切线处，断面图的下方加注编号及图名，如图 2-38 中的 2—2 所示为断面图。

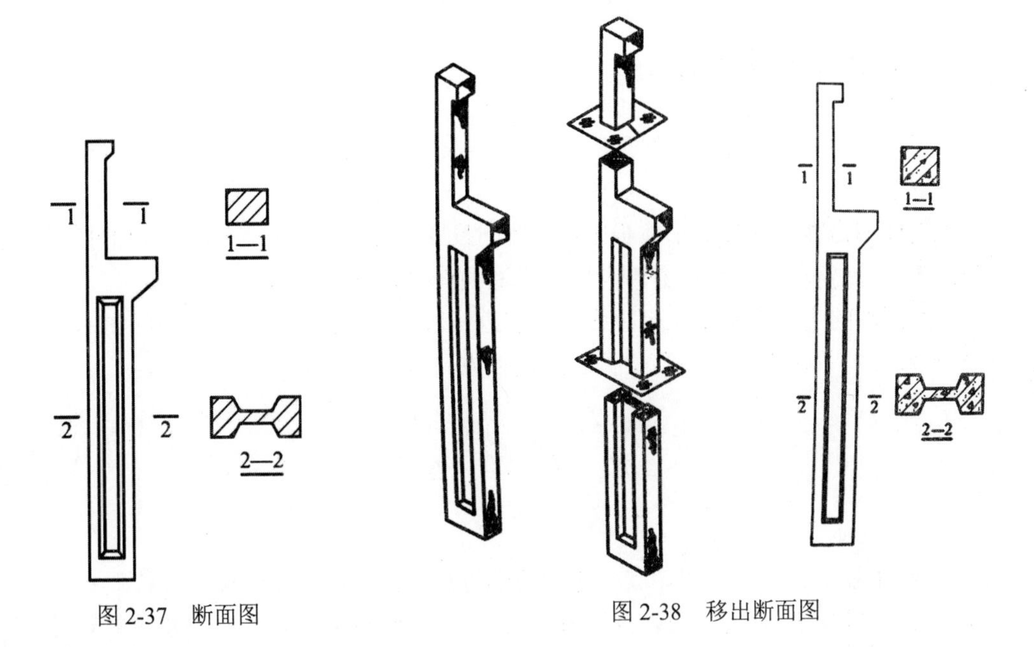

图 2-37 断面图　　　　图 2-38 移出断面图

2）重合断面图

画在视图轮廓线之内的断面图称为重合断面图。重合断面图的轮廓线用粗实线绘制，以便与投影的轮廓线区分，并且形体的投影线在重合断面范围内仍是连续的，不能断开（见图 2-39）。

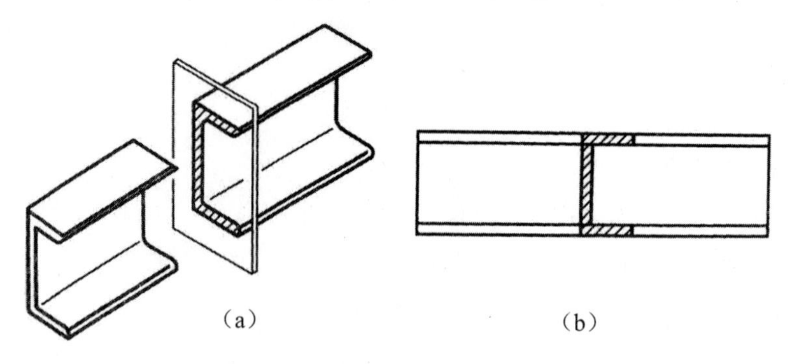

图 2-39　重合断面图

3）中断断面图

画在投影图中断处的断面图称为中断断面图，多用于长度较长且均匀变化的杆件。这种画法是假想把形体断裂开，而把断面图画在撕裂后投影图的空隙中间。其轮廓线用粗实线绘制（见图 2-40）。重合断面图和中断断面图均不加标注。

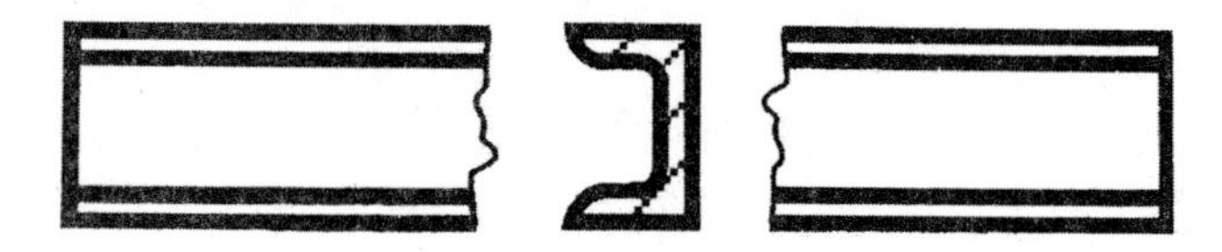

图 2-40　中断断面图

2.6.3　剖面图与断面图的区别

（1）剖面图绘制的是形体被剖开后整个余下部分的投影，而断面图只绘制出形体被剖开后断面的投影。

（2）剖面图是被剖开后的形体投影，是体的投影；而断面图只是一个切口的投影，是面的投影。所以，剖面图中包含着断面图，而断面图只是剖面图的一部分。

（3）剖面图的剖切符号要在粗短线上加垂直线段，表示投影方向；而断面图的剖切符号不加垂直线段，只用编号的标写位置表示投影方向。

本 章 小 结

本章介绍了投影的基本知识。其中包含投影方法；点、线、面的投影；基本视图；剖面图与断面图；其他表达方法。投影的基础非常重要，它对于读者以后的专业学习有极大的帮助，特别是制图与识图的学习。在本章中，要求读者掌握投影概念和分类，掌握正投影法的投影特性，熟练掌握三视图的画法依据，掌握剖面图、断面图的画法及其区别，为后续专业学习奠定基础。

思考与练习

依据图 2-41 所示的轴测图绘制三视图，根据三视图的大小合理选择图幅、比例。要求使用绘图工具绘制三视图，并且标注尺寸。

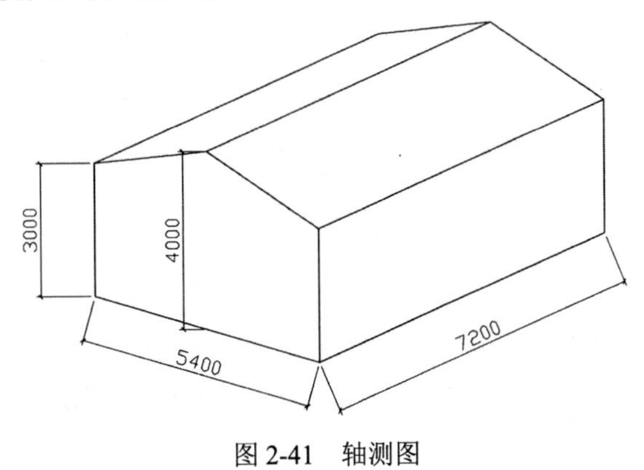

图 2-41　轴测图

第 3 章　室内设计工程制图

本章学习提要

本章介绍室内装饰施工图的内容和室内装饰设计制图的标准，具体讲解室内平面图、地面图、顶面图、立面图、大样图及其图示内容的绘制过程、步骤以及绘制要求等。

知识点

- 室内装饰设计的程序及相关图纸要求。
- 室内装饰设计的制图标准。
- 室内装饰施工图的内容。
- 室内平面图、地面图、顶面图、立面图和大样图的形成与表达。

重点

室内平面图、地面图、顶面图、立面图和大样图的识读与绘制。

3.1　室内装饰设计与施工图概述

室内设计工程图是室内设计师表达设计思想的语言，是室内装饰设计与施工中的重要依据，同时也是进行造价、工程监理等的主要技术文件。

3.1.1　室内装饰设计的程序

室内装饰设计通常是在建筑设计的基础上进行的。室内装饰设计分为设计准备、方案设计、施工图设计和设计实施四个阶段。这四个阶段的工作内容和图纸要求是不同的（见表 3-1 和表 3-2）。

表 3-1　设计准备和方案设计阶段的要求

阶段	工作项目	工作准备	工作内容	图纸要求
设计准备	调查研究	（1）接收设计任务书，了解设计内容、设计要求、造价要求，熟悉有关文件 （2）定向调查，取得建设单位意见，包括设计等级标准、造价、功能、风格等的要求	对图纸与现场有出入的地方进行修正或重新绘制	可徒手作草图，也可用器具或计算机作图，但要求尺寸准确、标注清楚，以提供下阶段工作所需的正确依据

续表

阶段	工作项目	工作准备	工作内容	图纸要求
设计准备	调查研究	（3）现场调查，包括将建筑图、结构图、设计图与现场进行核对，同时对周围环境进行了解 （4）取得工程资料，如建筑图、结构图、设备图	对图纸与现场有出入的地方进行修正或重新绘制	可徒手作草图，也可用器具或计算机作图，但要求尺寸准确、标注清楚，以提供下阶段工作所需的正确依据
	收集资料	（1）查阅同类设计内容的资料 （2）查阅同类装饰工程 （3）收集有关规范和定额		
方案设计	方案构思	（1）整体构思，形成草图，包括平面图、立面图和透视草图 （2）比较各种草图，从中选定初步方案	（1）构思草图，包括透视图 （2）将建筑设计图转换成室内设计工作图 （3）绘制室内平面图、顶棚平面图及主要立面图 （4）绘制效果图	（1）要求比例正确 （2）将建筑设计图中有关门、窗的图示和尺寸去掉 （3）标明主要尺寸和用料 （4）图面美观、整齐 （5）绘制效果图，要求正确反映室内设计的构思和效果
	方案设计	（1）征求建设单位意见，并对委托方的要求加以分析、研究 （2）与建筑、结构、设备、电气设计方案进行初步协调 （3）完善设计方案		
	完成设计	（1）提供设计说明书 （2）提供图纸，包括平面图、立面图、剖面图、色彩效果图		
	编制工程预算	根据方案设计的内容，参照定额，测算工程所需费用		
	编制投标文件	（1）综合说明 （2）工程总报价及分析 （3）施工的组织、进度、方法及质量保证措施等		

表 3-2　施工图设计和设计实施阶段的要求

阶　段	工作项目	工作准备	工作内容	图纸要求
施工图设计	完善方案设计	（1）对方案设计进行修改、补充 （2）与建筑、结构、设备、电气设计专业充分协调	（1）绘制室内平面图 （2）绘制顶棚布置图、全部立面图和节点大样图	（1）深化、修正、完善设计方案 （2）要求注明详细尺寸、材料品种规格和做法
	提供装饰材料实物样板	主要装饰材料的样品，提供彩色照片		
	完成施工文件	（1）提供施工说明书 （2）完成施工设计图，包括施工详图、节点图、大样图		
	编制工程预算	（1）编制说明 （2）工程预算表 （3）工料分析表		

续表

阶段	工作项目	工作准备	工作内容	图纸要求
设计实施	与施工单位协调	向施工单位说明设计图，进行图纸交底	(1) 变更和补充图纸 (2) 绘制竣工图	要求正确反映工程质量和用材
	完善施工图设计	根据现场情况对图纸进行局部修改、补充		
	工程验收	会同质检部门和施工单位进行工程验收		

3.1.2 室内装饰施工图概述

建筑施工图主要表现建筑施工中所需的内容，而室内装饰施工图则主要表现建筑建造完成后室内环境所需进一步完善、改造的内容，即空间设施的布局，室内界面的装饰造型、装饰材料、施工工艺等内容。室内装饰施工图是遵照建筑及装饰设计规范要求编制的用于指导装饰施工生产的技术文件。在制图和识图上，室内装饰施工图有其自身的规律，如图样的组成、施工工艺及细部做法的表达等，都与建筑工程施工图有所不同。

室内装饰施工图与建筑施工图的制图的基本原理是一致的，因此，在学习室内装饰施工图的制图与识图时，也要掌握建筑制图的投影原理，制图的基本方法，图线、图框、比例、图例、符号的知识与运用。

3.1.3 室内装饰施工图的内容及编排次序

需要说明的是，本书讲述的重点是施工图设计阶段。施工图设计是装饰设计的主要环节。室内装饰施工图用正投影方法绘制，用于指导施工的图样。

1. 图纸的编排次序

一套完整的室内装饰施工图需要由多种专业设计人员共同完成，其编排次序如下：

（1）封面。

（2）图纸目录。

（3）设计说明、图纸说明、施工说明。

（4）装饰材料说明、图表。

（5）透视效果图或轴测效果图。

（6）平面图。包括平面布置图、地面铺装图、顶棚布置图。

（7）立面图。包括立面布置图、装饰立面图等。

（8）剖面图。包括墙体装饰剖切图、地面铺装剖切图、顶面布置剖切图（剖切部位可以是整体剖切，也可以是局部剖切）等。

（9）装饰详图。包括局部详图和装饰大样图等。

（10）配套专业图纸等。

整套图纸应保证总体在先、局部在后；底层在先、上层在后；平面图在先、立面图在后，一套总图索引指定顺序编排；材料表、门窗表、灯具表等备注通常放在整套图纸的最前部。

2．图纸目录

一套完整的室内装饰施工图图纸数量较多，为了方便阅读、查找和归档，需要编制相应的图纸目录。图纸目录又称“标题页”，是设计图的汇总表。图纸目录一般都以表格的形式表示，主要包括图别、图纸、内容等。

室内装饰施工图属于建筑施工图范围，在图纸标题栏的“图别”中简称为“饰施”“装施”。

3．设计说明

设计说明是对设计方案的具体解说，通常在总体构思、功能处理、装饰风格、主要用材和技术措施等方面进行说明。装饰设计的说明多种多样，归纳起来基本从以下三个方面入手：

（1）以总体设计理念为主线展开。

（2）以各设计部位的设计方法为主线展开。

（3）在说明总体设计理念的同时，说明各个部位的设计方法。

装饰设计的说明有的是单纯以文字来表达，有的是图文并茂。在现行招标中，设计说明通常采用后者。

4．施工说明

施工说明是对装饰施工图设计的具体解说，用以说明施工图设计中没有表明的部分，以及设计对施工方法和质量的要求等。

3.1.4　室内装饰施工图的特点

室内装饰施工图目前没有国家统一标准，一般沿用建筑制图的规范，即《房屋建筑制图统一标准》（GB/T 50001—2020）。但由于两者表达的内容侧重点不同，因此在表现方法、图面要求等方面不完全相同。

1．省略原有建筑施工图中已表达的结构材料及构造

由于室内装饰设计是在已建建筑内进行二次设计，因此如果没有对原有建筑结构进行更改，制图时可省略表达原建筑结构的材质和构造。

2．室内装饰施工图中可绘制阴影与配景

建筑施工图中严禁绘制阴影与配景，而室内装饰施工图中为了增强对装饰效果的艺术感染力，在平面图、立面图中允许增加阴影和配景，如花、草、树及人等图样。

3．室内装饰施工图中尺寸标注的不严谨性

室内装饰施工图中可只标注对施工有影响的尺寸，其他没有受到影响的尺寸，图中可以不标注。

4．室内装饰施工图中设施图样与完工后的不一致性

室内装饰施工图中的家具、家电及陈设品的形状、大小和样式只是一个设计参考，具

体可由设计师和甲方后期自行购买确定。

5．室内装饰施工图中附带效果图

效果图根据施工图制作而得，能够给非专业人士带来直观的感受，使其理解设计意图，帮助施工方更好地进行工程施工。

3.2　室内设计的制图标准

目前，国家还没有正式颁布室内设计和景观设计的制图标准，所以目前沿用建筑和家具的制图规范。

建筑制图的标准是《房屋建筑制图统一标准》（GB/T 50001—2017），室内设计和景观设计制图也遵循这个标准。还有其他制图标准，如《总图制图标准》（GB/T 50103—2010）、《建筑制图标准》（GB/T 50104—2010）。

3.2.1　定位轴线及编号

在建筑施工图中，将用来表示承重墙或柱子位置的中心线称为定位轴线，定位轴线采用细点长画线表示。定位轴线是施工中定位、放线的重要依据。画图时，在轴线的端部用细实线画一个直径为 8mm（A3、A4 幅面）～10mm（A0、A1、A2 幅面及详图）的圆圈，定位轴线圆的圆心在定位轴线的延长线或延长线的折线上，在圆圈中注明编号。

（1）轴线编号注写的原则：水平方向，由左至右用阿拉伯数字按顺序注写；竖直方向，由下而上用拉丁字母注写，国家标准中规定，字母 I、O、Z 不得用于轴线编号，以免与数字 1、0、2 混淆，由轴线形成的网格称为轴线网（见图 3-1）。

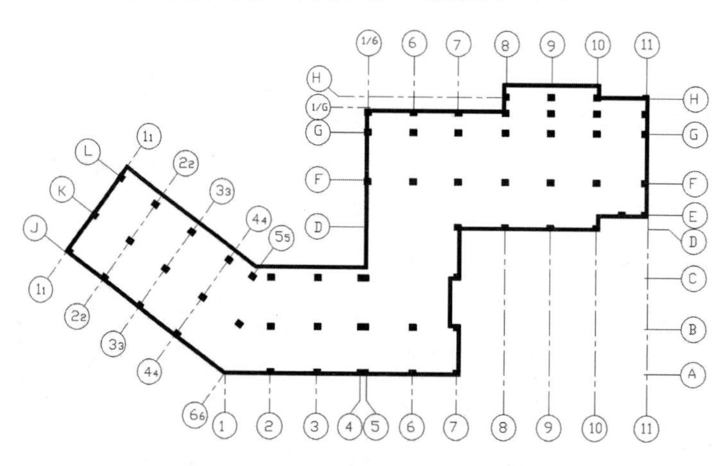

图 3-1　定位轴线及编号

（2）在建筑物中，有些次要承重构件往往不处于主要承重构件形成的轴线网上，这种构件的轴线称为附加轴线，编号用分数表示。编号中分母表示主要承重构件编号，分子表示主轴线后面或前面的第几条附加轴线的编号。若字母数量不够使用，可增用双字母或单

字母加数字注脚。

（3）在较简单或对称的房屋中，平面图的轴线编号一般标注在图形的下方及左侧。较复杂的房屋或不对称的房屋，图形上方和右侧也可以标注。

（4）若平面形状为折线形，定位轴线也可以从左至右、从下至上依次编写（见图 3-2）。

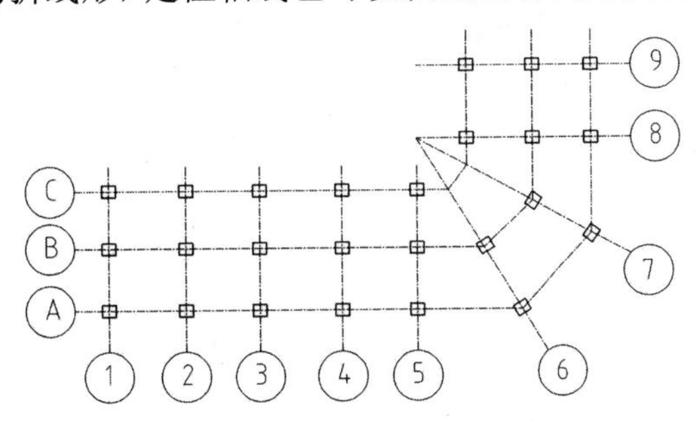

图 3-2　折线建筑的定位轴线编号

（5）在组合较复杂的平面图中，定位轴线也可采用分区编号，编号的注写形式应为“分区号—该分区编号”。分区号采用阿拉伯数字或大写拉丁字母表示（见图 3-3）。

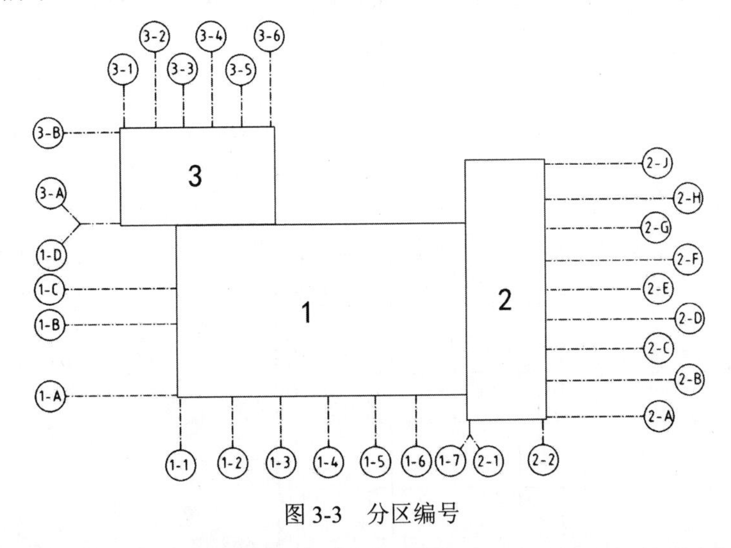

图 3-3　分区编号

（6）圆形平面图中定位轴线的编号，其径向轴线宜采用阿拉伯数字表示，从左下角开始，按逆时针方向编写（见图 3-4）。

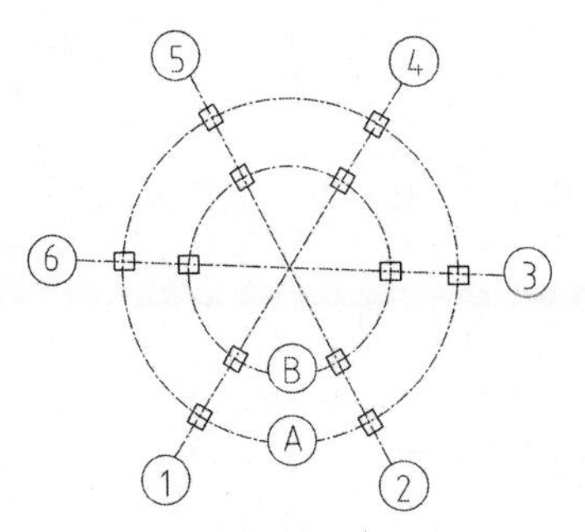

图 3-4　圆形定位轴线编号

（7）当一个详图适用于几根轴线时，应同时注明各有关轴线的编号（见图 3-5）。

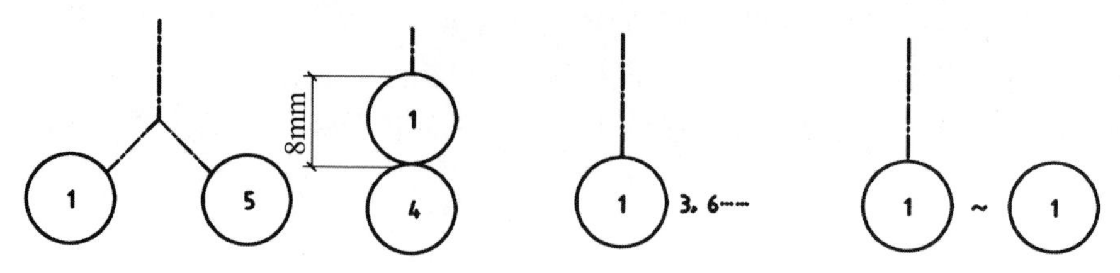

图 3-5　详图的轴线编号

3.2.2　标高

在建筑施工图中，为了说明建筑物中某一表面的高度，常用标高符号表明。标高有两种形式：一种是绝对标高，即以青岛附近黄海平均海水面为零点的测绘标高；另一种是建筑标高（又称相对标高），是以房屋建筑底层主要地面为零点进行计算高程的标高。底层地面高度定为±0.000（表示以 m 为单位，精确到 mm），高于±0.000 的表面高度用正数表示，如 3.200、6.400 等；低于±0.000 的表面高度用负数表示，如−0.450、−0.600、−1.450 等（见图 3-6）。

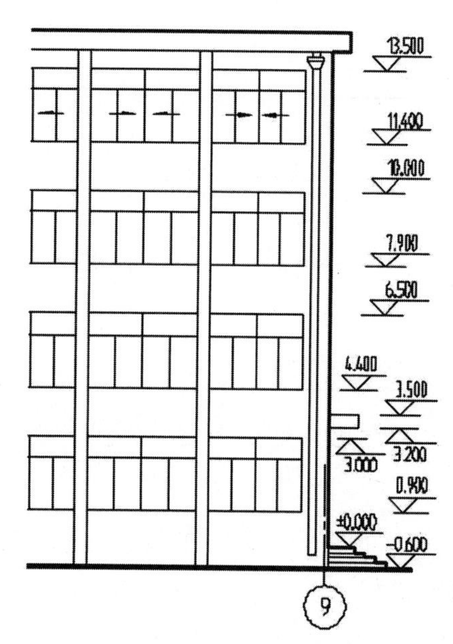

图 3-6　建筑标高

在建筑总平面图中，建筑首层室内地坪、室外地坪及道路控制点的高程宜采用绝对标高证明（绝对标高以 m 为单位，精确到 cm）；在建筑平面图、立面图、剖面图以及各种建筑详图中，其重要表面的高程宜采用建筑标高注明，即取室内地坪高度为±0.000；而室内设计中的标高，通常取每层室内装饰地坪为±0.000。

（1）标高符号应以等腰直角三角形表示，高度约为 3mm，用细实线绘制（见图 3-7）。

（2）标高符号的尖端应指至被注高度的位置，尖端一般应向下，也可向上。标高数字

应注写在标高符号的左侧或右侧，以 m 为单位，注写到小数点后第三位（见图 3-8）。

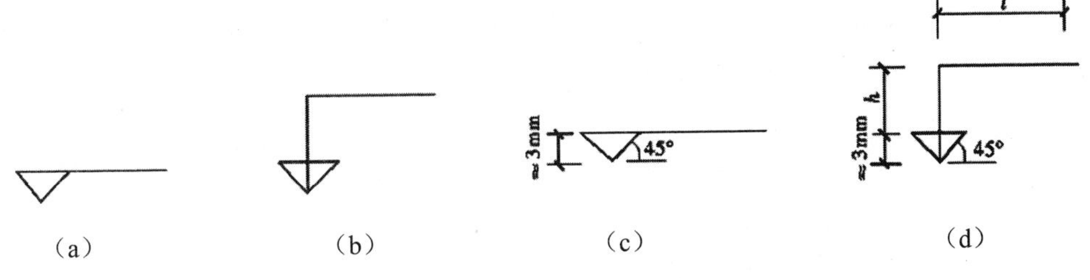

图 3-7　标高符号（一）

符号	说明
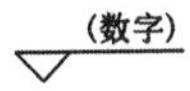 (数字)	楼地面平面图上的标高符号
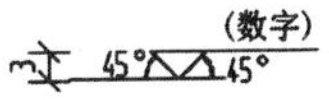 3 45° 45° (数字)	立面图、剖面图上的标高符号（用于其他处的形状大小与此相同）
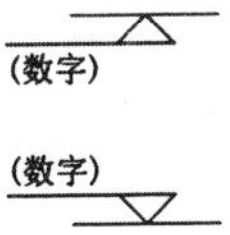 (数字) (数字)	用于左边标注
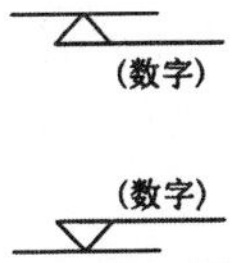 (数字) (数字)	用于右边标注
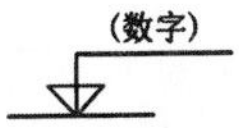 (数字)	用于特殊情况标注
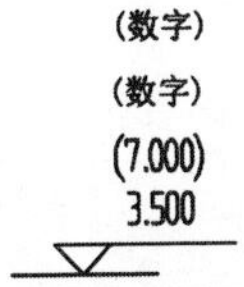 (数字) (数字) (7.000) 3.500	用于多层标注

图 3-8　标高符号（二）

3.2.3　特殊符号

1．指北针

指北针是在建筑设计和室内设计图中表示平面方向的图例（见图 3-9）。它应绘制在建筑物±0.000 标高的平面图上，并放在明显位置，所指方向应与总图一致。其圆的直径为 24mm，用细实线绘制；指针尾部的宽度宜为 3mm，指针头部应注“北”或“N”字。须用较大直径绘制指北针时，指针尾部的宽度宜为直径的 1/8。

2．对称符号

对称符号表明轴线两侧图形对称。使用对称符号画图时，可只画出符号一侧的半个图形，而将另一半省略不画（见图 3-10）。

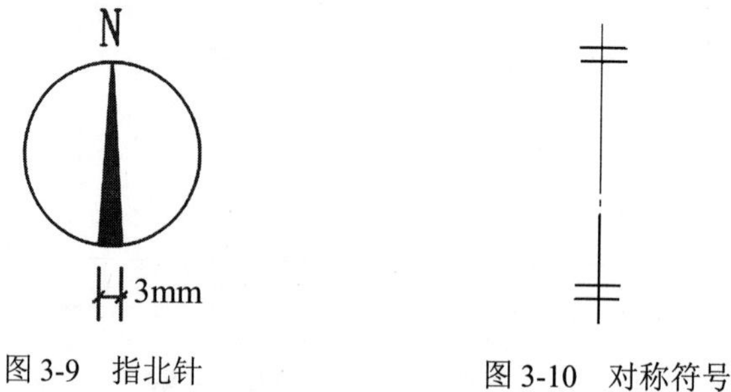

图 3-9　指北针　　　图 3-10　对称符号

3．剖断省略线符号

两长断线之间的形体与断线外两侧的形体形状相同时，可用连接符省去中间部分（见图 3-11）。

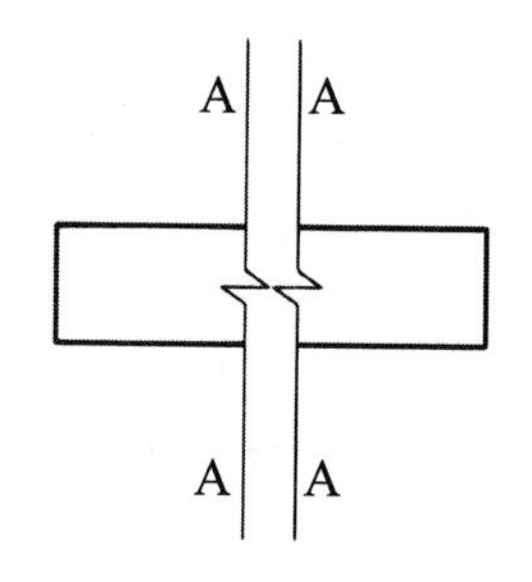

图 3-11　剖断省略线符号

4．坡度符号

图 3-12（a）所示为立面坡度符号的表示方法，图 3-12（b）所示为平面坡度符号的表示方法。

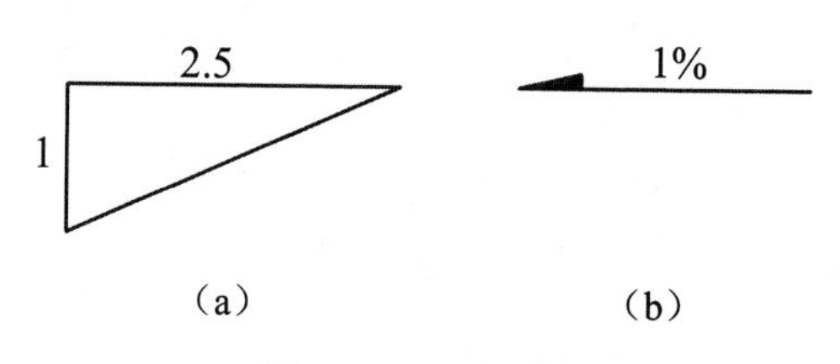

图 3-12　坡度符号

3.2.4　引出线与注释

在绘制工程图时，为保证图样清晰、有条理，对各类索引符号、文字说明、材料标注等都采用引出线来连接。引出线应以细实线绘制，宜采用水平方向的直线，与水平方向成 30°、45°、60°、90°角的直线，或经上述角度再折为水平线。文字说明宜注写在水平线的上方〔见图 3-13（a）〕，也可写在端部〔见图 3-13（b）〕。索引详图的引出线应与

水平直线相连接或对准索引符号的圆心。多行文字的排列可以同时引出几个相同部分的引出线，引出线宜互相平行〔见图 3-13（c）〕，也可以画成集中于一点的放射线〔见图 3-13（d）〕。

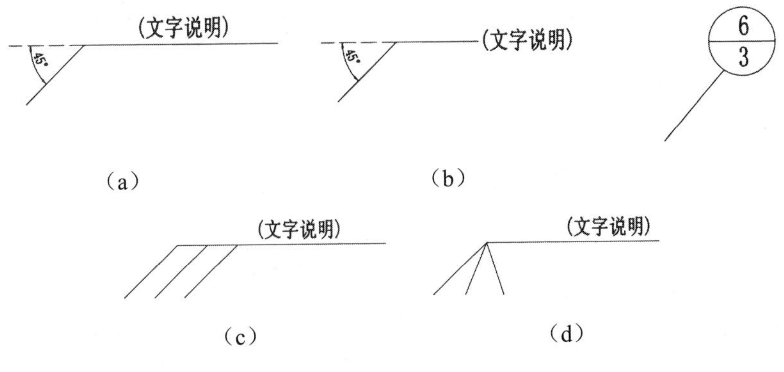

图 3-13　引出线与注释

多层构造共用的引出线应通过被引出的各层（见图 3-14）。文字说明顺序由上至下，并应与被说明的各层一致；如果层次为横向排序，则由上至下的说明顺序应与由左至右的层次一致。对于复杂的构造，为使引出线的指示更加明确，可用小圆点、箭头等符号指示物体。在一套图纸中，通常只采用一种指示符号。

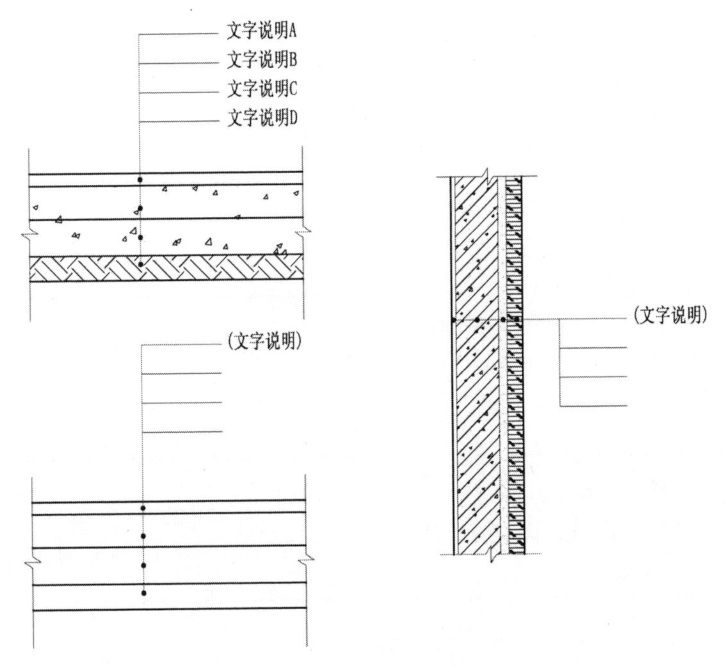

图 3-14　多层构造引出线与注释

3.2.5　详图索引、详图标志符与内视符号

1. 索引符号

在建筑施工图中，对某些需要放大说明的部位，使用详图索引符注明；对放大后的详

细图样，同样要用标志符注明。详图索引与详图标志符在注写时要互相对应，以便于查找与阅读有关的图样。

在工程图样的平面图、立面图、剖面图中，由于采用比例较小，对于工程物体的很多细部（如窗台、楼地面层、泛水等）和构配件（如栏杆扶手、门窗、各种装饰等）的构造、尺寸、材料、做法等无法表示清楚，因此为了施工的需要，常将这些在平面图、立面图、剖面图上表达不出来的地方用较大比例绘制出图样，这些图样称为详图。详图可以是平面图、立面图、剖面图中某一局部放大的图样（大样图），也可以是某一断面、某一建筑的节点图。

（1）为了在图面中清楚地对这些详图进行编号，需要在图纸中清晰、有条理地表示出详图的索引符号和详图符号（见图 3-15）。详图索引符号的圆及其直径均应以细实线绘制，圆的直径应为 10mm。

名称	符　　　号	说　　　明
详图的索引标志	5 / —：详图的编号；详图在本张图纸上 5 / —（局部剖面）：局部剖面详图的编号；剖面详图在本张图纸上	细实线单圆直径应为10mm 详图在本张图纸上
	5 / 4：详图的编号；详图所在的图纸编号 5 / 4（局部剖面）：局部剖面详图的编号；剖面详图所在的图纸编号	详图不在本张图纸上
	J103 5 / 4：标准图册编号；详图的编号；详图所在的图纸编号	标准详图
详图的标志	5：详图的编号	粗实线单圆直径为14mm 被索引的图样在本张图纸上
	5 / 2：详图的编号；被索引的图纸编号	被索引的图样不在本张图纸上

图 3-15　详图索引、详图标志符

（2）索引出的详图如与被索引的详图在同一张图纸上，则应在索引符号的上半圆内用阿拉伯数字注明该详图的编号，并在下半圆中间画一段水平粗实线（见图 3-15）。

（3）索引出的详图如与被索引的详图不在同一张图纸上，则应在索引符号的上半圆中用阿拉伯数字注明该详图的编号，并在下半圆中用阿拉伯数字注明该详图所在的图纸编号。数字较多时可加文字标注（见图 3-15）。

（4）索引出的详图如采用标准图，则应在索引符号水平直径的延长线上加注该标准图册的编号（见图 3-15）。

（5）当索引符号用于索引剖面详图时，则应在被剖切的部位绘制剖切位置线。引出线所在一侧应为剖视方向（见图 3-15）。

2．详图符号

被索引详图的位置和编号，应以详图符号表示。其圆用粗实线绘制，直径为 14mm，圆内横线用细实线绘制。

（1）当详图与被索引的图样在同一张图纸上时，则应在详图符号内用阿拉伯数字注明详图的编号（见图 3-15）。

（2）当详图与被索引的图样不在一张图纸上时，则应用细实线在详图符号内画一水平直径，在上半圆中注明详图编号，在下半圆中注明被索引的图纸编号（见图 3-15）。

3．内视符号

为了表明室内各立面图在平面图上的位置，在装饰平面图中应用内视符号注明视点位置、方向及立面编号。

内视符号由直径为 8～12mm 的圆构成，以细实线绘制，并以三角形表示投影方向。圆内直径以细实线绘制，在立面索引符号的上半圆内用字母表示，下半圆表示图纸所在位置。在实际应用中，也可扩展灵活使用（见图 3-16）。图 3-17 所示为立面索引符号在平面图中的应用。

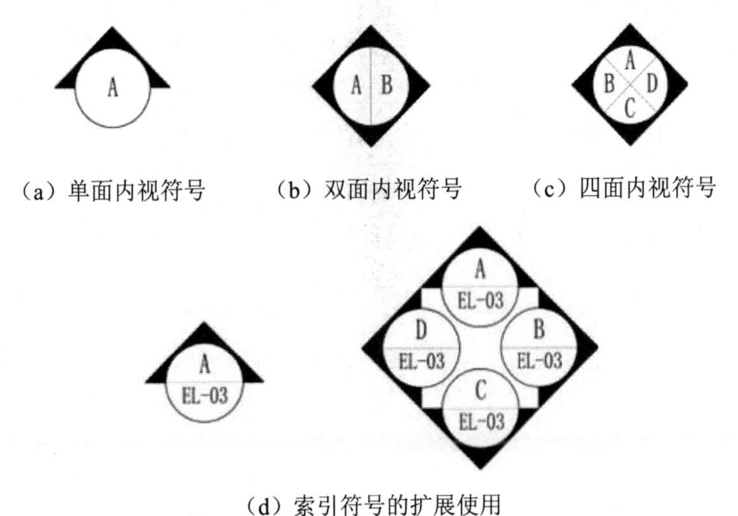

（a）单面内视符号　（b）双面内视符号　（c）四面内视符号

（d）索引符号的扩展使用

图 3-16　内视符号

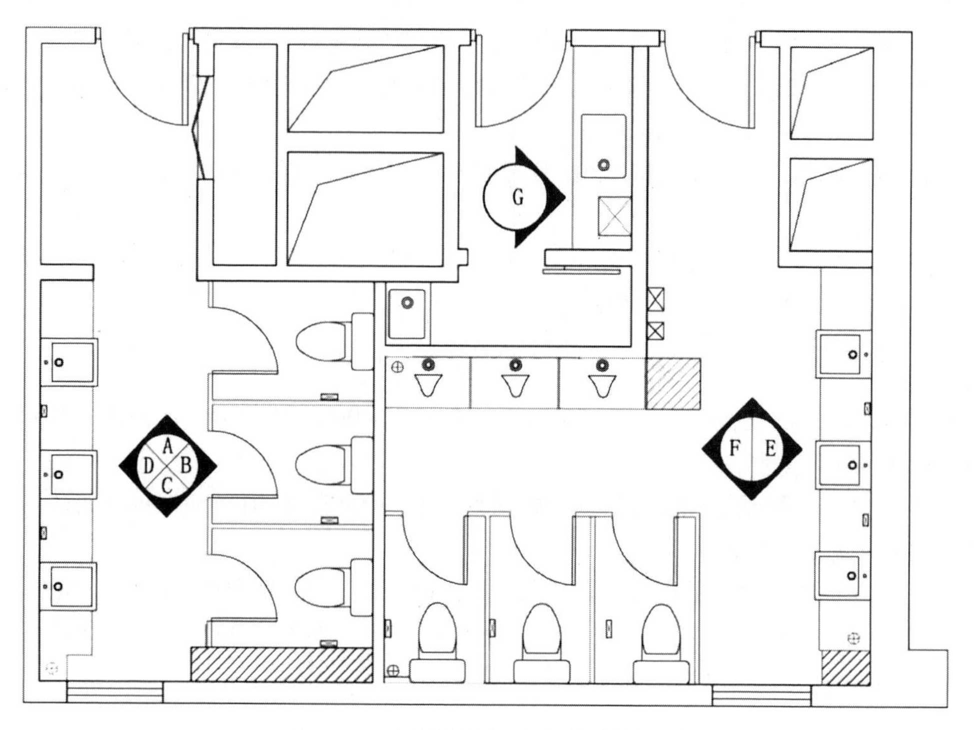

图 3-17　内视符号在平面图中的使用

3.2.6　尺寸标注

1．尺寸标注的设置

尺寸标注是图样中十分重要的内容，它是说明工程技术问题的重要依据，在绘制工程图样时，必须标注完整的尺寸数据并配以相关设计说明。

1）尺寸标注的组成

在图样中，完整的尺寸标注包括尺寸界线、尺寸线、尺寸起止符号及尺寸数字四部分。尺寸界线和尺寸线均用细实线绘制，尺寸起止符号用中粗斜短线绘制（见图 3-18）。

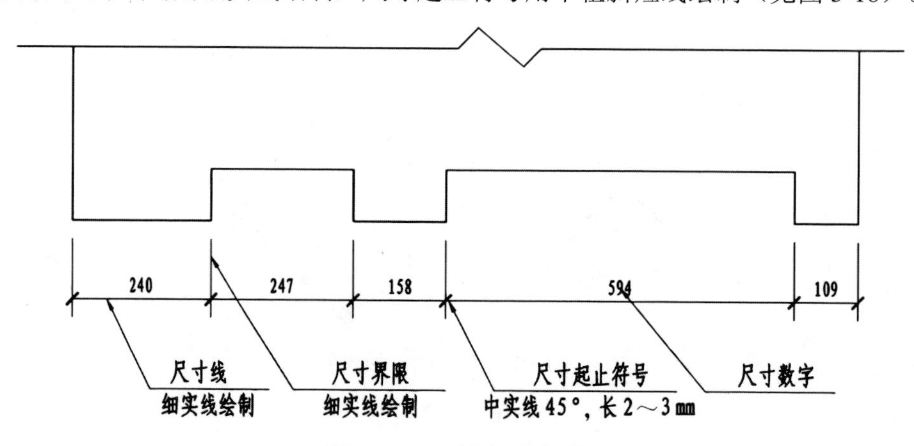

图 3-18　尺寸标注的组成

（1）尺寸线应与被注长度平行。图样本身的任何图线均不得用作尺寸线。尺寸线与图样最外轮廓线的距离不宜小于 10mm，平行排列的尺寸线间距宜为 7～10mm，并应保持一致〔见图 3-19（a）〕。

（2）尺寸界线应用细实线绘制，一般应与被注长度垂直，其一端应离开图样轮廓线不小于 2mm，另一端宜超出尺寸线 2～3mm〔见图 3-19（b）〕。图样轮廓线可用作尺寸界线。

（3）尺寸起止符号表示所注尺寸的范围。其倾斜方向应与尺寸界限呈顺时针 45°角，长度为 2～3mm〔见图 3-19（c）〕。半径、直径、角度及弧长的尺寸起止符号，宜用箭头表示。

（4）同一张图中的尺寸数字大小应尽量一致。尺寸数字的注写方向由所标注的尺寸线位置确定：当尺寸线为水平方向时，尺寸数字标注在尺寸线的上方；当尺寸线为垂直方向时，尺寸数字注写在尺寸线的左侧，字头朝左〔见图 3-19（d）〕。

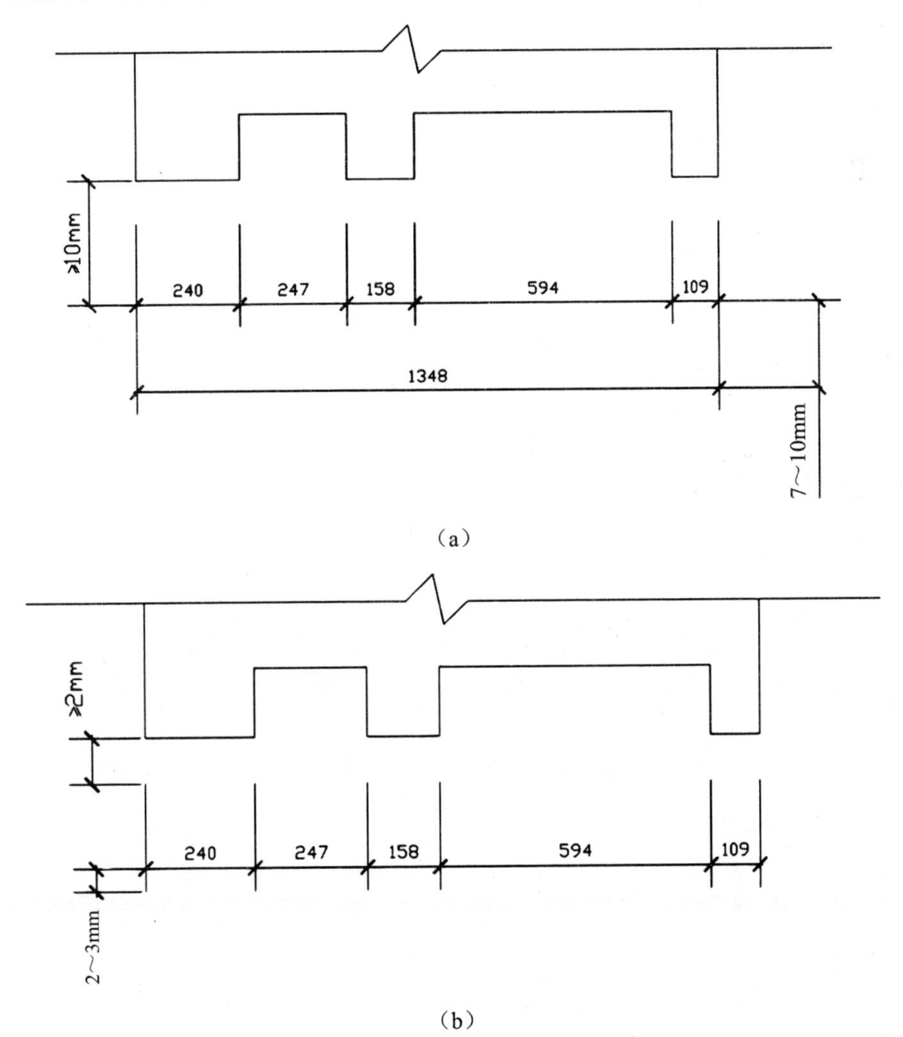

图 3-19　尺寸标注

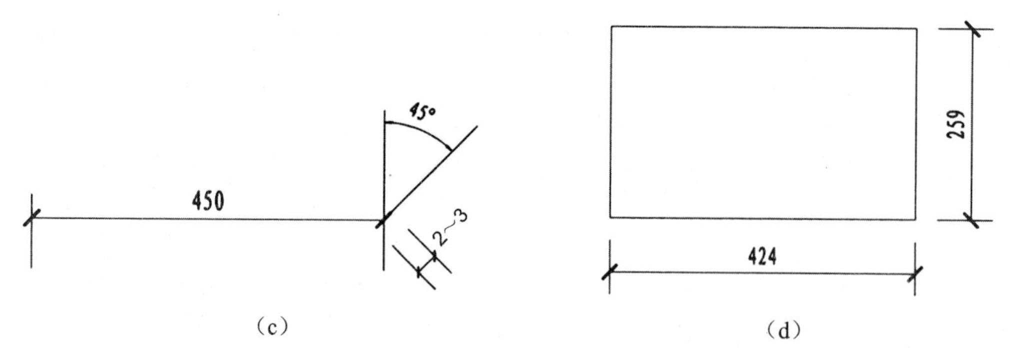

（c）　　（d）

图 3-19　尺寸标注（续）

2）尺寸排列与布置

（1）尺寸宜标注在图样轮廓线以外，不宜与图线、文字、符号相交；当标注在图样轮廓线以内时，尺寸数字处的图线应断开。图样轮廓线也可用于尺寸界限。

（2）任何图线都应尽量避免穿过尺寸线和尺寸数字。如不可避免时，应将尺寸线和尺寸数字处的其他图线断开。

（3）相互平行的尺寸线排列时，宜从图样轮廓线向外，先小尺寸和分尺寸，后大尺寸和总尺寸（见图 3-20）。

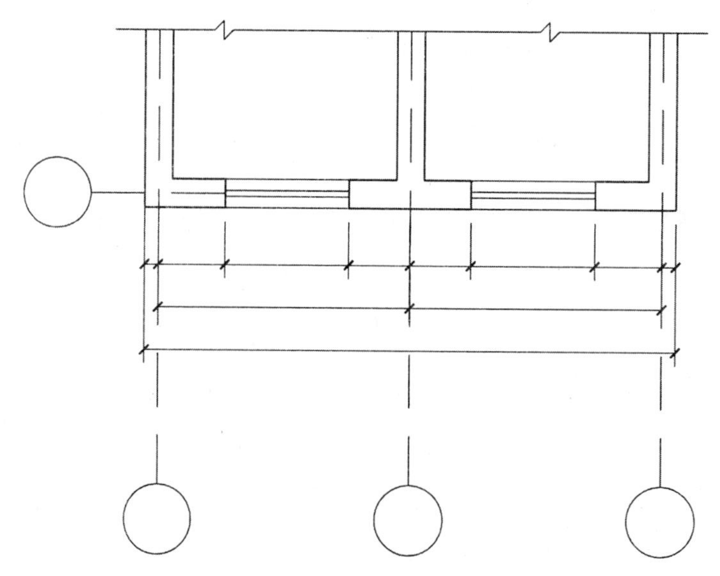

图 3-20　相互平行的尺寸线排列

2. 其他尺寸标注设置

1）角度的尺寸标注

以角的两条边为尺寸界限，角度的尺寸线应以圆弧表示，该圆弧的圆心应是该角的顶点，尺寸起止符号用箭头表示。角度数字宜按水平方向注写（见图 3-21）。

2）圆和大于半圆的圆弧的尺寸标注

圆和大于半圆的圆弧均标注直径，直径数字前应加直径符号“ϕ”（见图 3-22）。

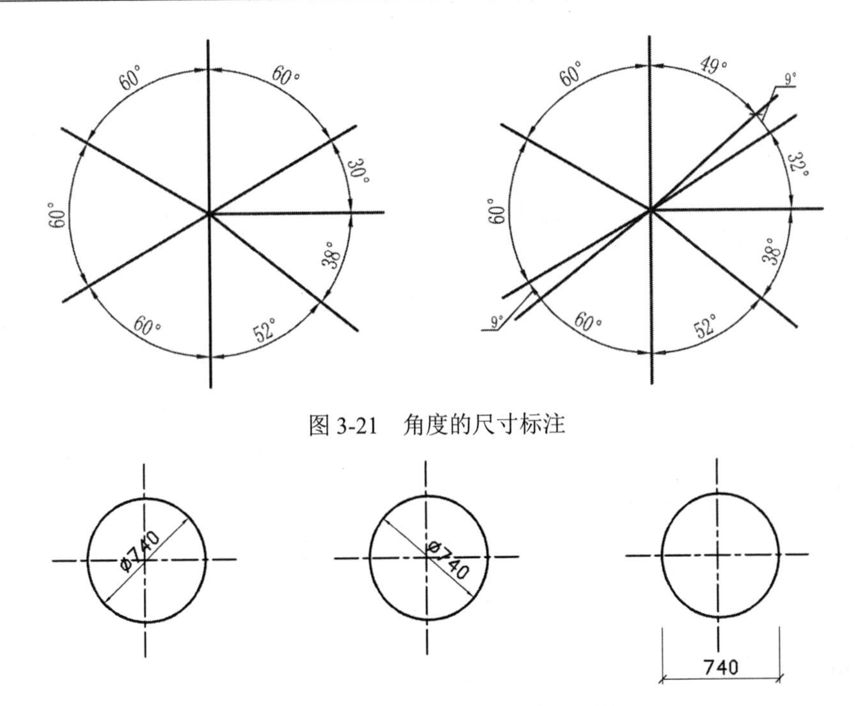

图 3-21　角度的尺寸标注

图 3-22　圆和大于半圆的圆弧的尺寸标注

3）半圆弧和小于半圆的圆弧的尺寸标注

半圆弧和小于半圆的圆弧均标注半径，半径尺寸数字前应加注半径符号“*R*”。半径尺寸线应通过圆心，长度可长可短（见图 3-23）。当半径很大，又需注明圆心位置时，可按图 3-24 标注。

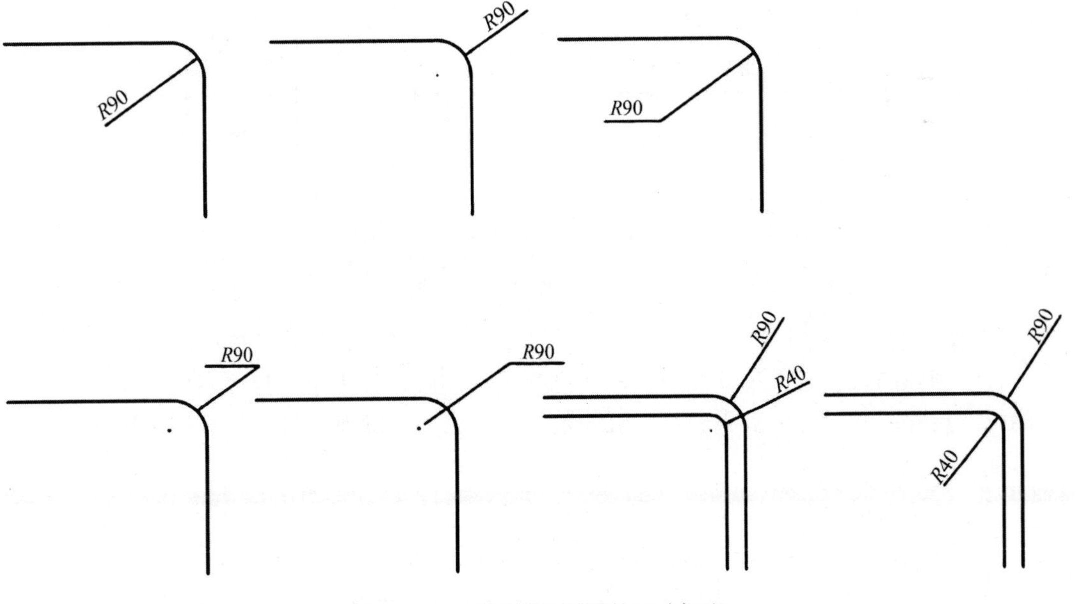

图 3-23　小于半圆的圆弧的尺寸标注

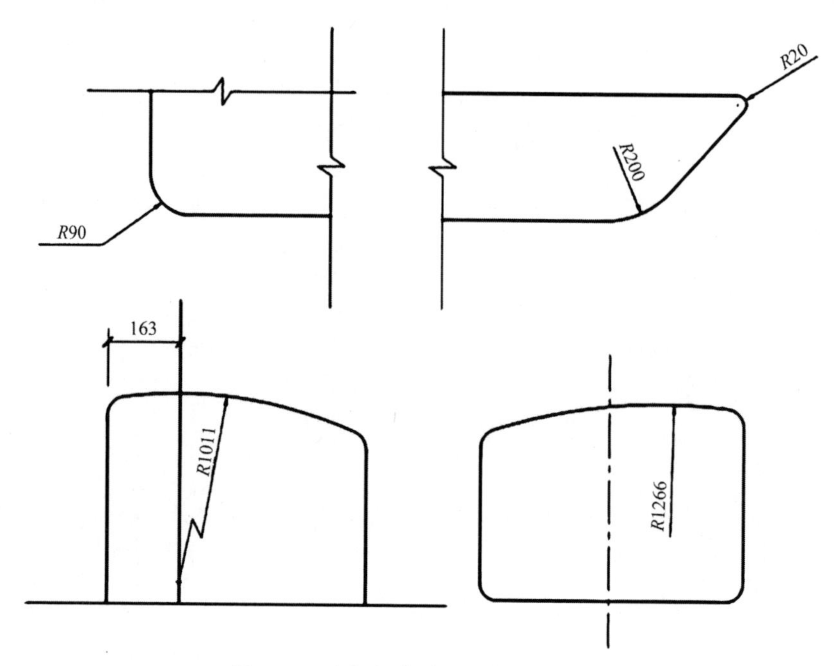

图 3-24　半径很大时圆弧的尺寸标注

4）球的尺寸标注

标注球的半径尺寸时，在尺寸数字前加注符号“*SR*”；标注球的直径尺寸时，在尺寸数字前加注符号“S*ϕ*”（见图 3-25）。

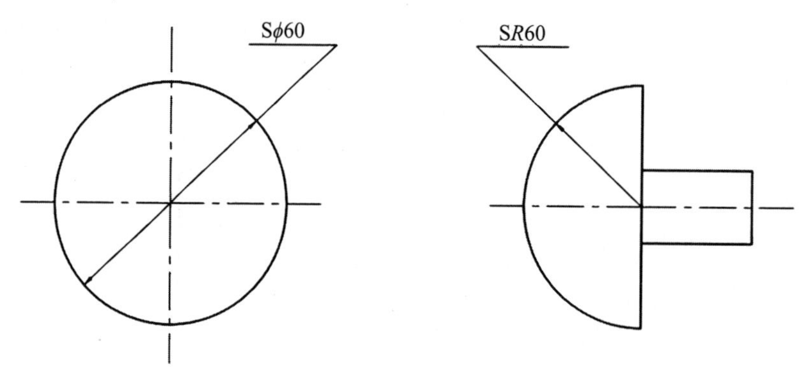

图 3-25　球的尺寸标注

5）弧长的尺寸标注

标注圆弧的弧长时，尺寸线应用与该圆弧同心的圆弧线表示，尺寸界限应垂直于该圆弧的弦，尺寸起止符号用箭头表示，弧长数字上方应加注圆弧符号“⌒”（见图 3-26）。

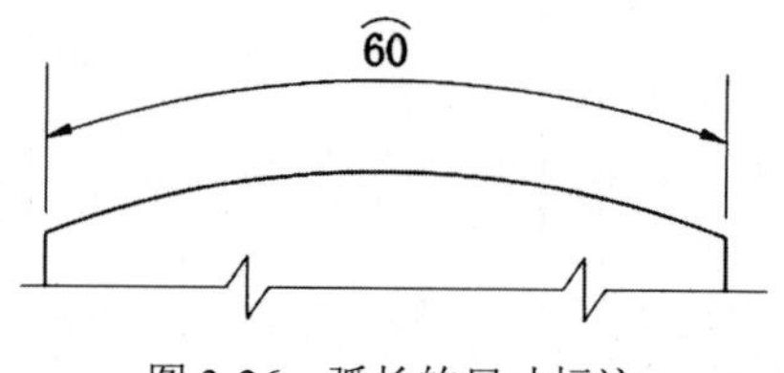

图 3-26　弧长的尺寸标注

6）对称图形的尺寸标注

当对称图形（包括半剖面图）未画完全或只画出一半时，该对称图形的尺寸线应略超过对称线，仅在尺寸线的一端画尺寸起止符号，尺寸数字应按整体全尺寸注写（见图 3-27）。

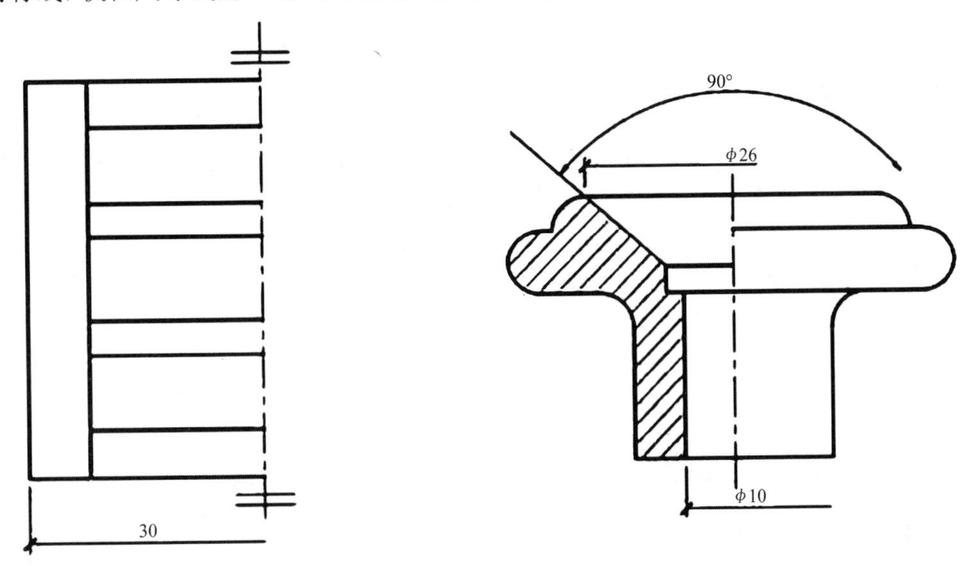

图 3-27　对称图形的尺寸标注

7）倒角的尺寸标注

倒角的尺寸可按图 3-28 进行标注，其中 45° 倒角可一次引出标注。

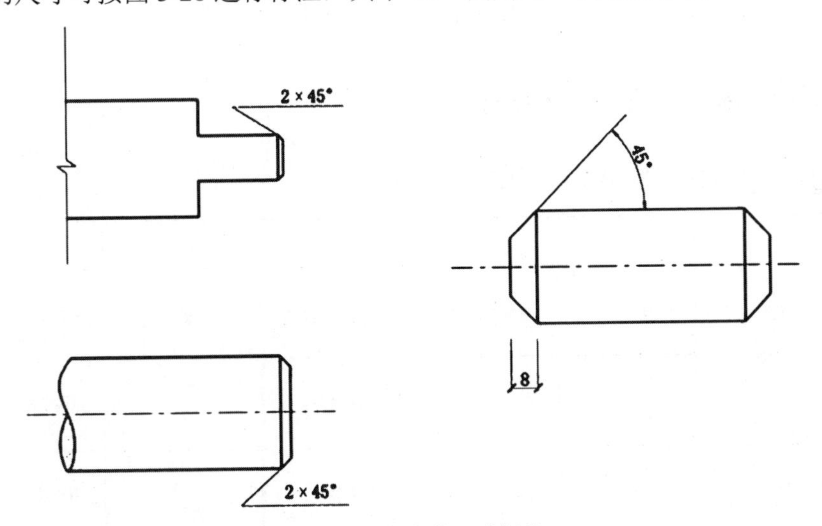

图 3-28　倒角的尺寸标注

8）矩形断面的尺寸标注

矩形断面尺寸可以用一次引出方法标注，注意，应把引出一边尺寸写在前面，以免两个尺寸大小相近时造成误解（见图 3-29）。

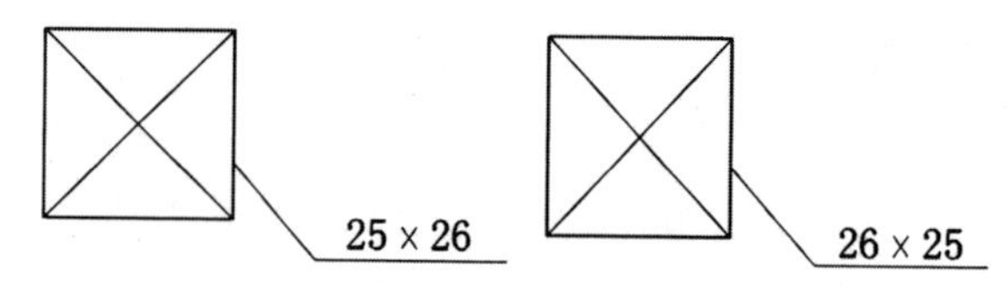

图 3-29　矩形断面的尺寸标注

3. 尺寸标注的深度设置

工程设计制图应在不同阶段和以不同比例绘制时，分别对尺寸标注的详细程度做出不同的要求。这里主要依据《建筑制图标准》（GB/T 50104—2010）中的“三道尺寸”进行标注，包括外墙门窗洞口尺寸、轴线间尺寸和建筑外包总尺寸。

（1）总尺寸在底层平面图中是必不可少的，当平面形状较复杂时，还应当增加分段尺寸。

（2）在其他各层平面图中，外包总尺寸可省略或标注轴线间总尺寸。

（3）在屋面图中可以只标注端部和有变化处的轴线号，以及其间的尺寸。重复标注反而显得繁杂和重点不突出。

（4）门窗洞口尺寸和轴线间尺寸要分别在两行上各自标注，门窗洞口尺寸不要与其他实体尺寸混行标注，例如，墙厚度、雨篷宽度、踏步宽度等应就近实体另行标注。

（5）当上下或左右两道外墙的开间及洞口尺寸相同时，可只标注上或下（左或右）一面尺寸及轴线号。

3.3　室内装饰制图图例

3.3.1　常用灯具、照明等设备图例

常用灯具、照明等设备图例如图 3-30 所示。

图例	类型	图例	类型	图例	类型
	筒灯		画灯，镜前灯		电源由上引来
	方形筒灯		暗藏光管		电源由此引上
	石英灯		霓虹管	一般明装	双极插座
	吊灯（按设计尺寸）		星灯及珠灯	一般暗装	双极插座
	吸顶灯	400×400	出风口	一般明装	双极插座带接地插孔

图 3-30　常用灯具、照明等设备图例

图例	类型	图例	类型	图例	类型
	壁灯	400×400	回风口	一般暗装	双极插座带接地插孔
	台灯及立地灯		出风口（200mm或300mm宽）		暗装三级插座
	石英射灯	400×400	排气扇		暗装四级插座
	道轨射灯及单头射灯	(S) φ200	烟感	明装	单极开关
	雨灯		电源引入线	暗装	双极开关
	单支光管裸挂，双支光管裸挂		电话端子箱	明装	双极开关
	光管盘		照明配电箱	明装防水　明装一般	拉线开关
	光管盘	(H)	电话出线口		暗装单联双控照明开关
	暗装双联单控照明开关		电缆头		风扇变阻开关
	交流配电线路		电杆		电话分线盒
	电话线路		自动开关		传声器
	熔断器	灯的投射方向	带灯具的电杆		扬声器
	信号灯开关		电铃		变压器
	信号灯		蜂鸣器		火警信号报警器

图 3-30　常用灯具、照明等设备图例（续）

3.3.2　常用管道厨卫设施图例

常用管道厨卫设施图例如图 3-31 所示。

图例	类型	图例	类型	图例	类型
	管道	YD- YD- 平面 系统	雨水斗		厨房洗涤盆
	坡向	平面 系统	排水漏斗		坐式大便器
	流向	平面 系统	方形地漏		洗脸盆
XL XL	管道立管		阀门		浴缸
	拆除管		圆形地漏		冲淋房
	软管		法兰堵盖		污水池
	保温管		管堵		洗手槽
	多孔管		截止阀		淋浴喷头
平面 系统	清扫口		消声止回阀		蹲式大便器
	检查口	平面 系统	浮球阀		小便槽
	存水弯		延时自闭冲洗阀		斗式小便器
成品 蘑菇形	通气帽	平面 系统	皮带水嘴		饮水龙头
	可曲挠橡胶接头	平面 系统	自动喷洒头(开式)		水表

图 3-31　常用管道厨卫设施图例

3.4　室内平面布置图

室内平面布置图是在建筑施工图的基础上进行的二次设计，所以了解它们之间的关系，是学习室内平面布置图首先应该解决的问题。

3.4.1　室内平面布置图与建筑施工图的关系

1．室内平面布置图与建筑施工图的相同点

（1）使用的制度标准相同。目前，表现室内设计工程图的手法各异，种类繁多，但都是根据建筑制图的标准表达室内设计施工图的。

（2）平面图的来源相同。都是在每层窗洞口以上水平剖切后，丢掉房屋的上半部分，采用水平正投影的原理在 *H* 面上投影而得到的（见图 3-32）。

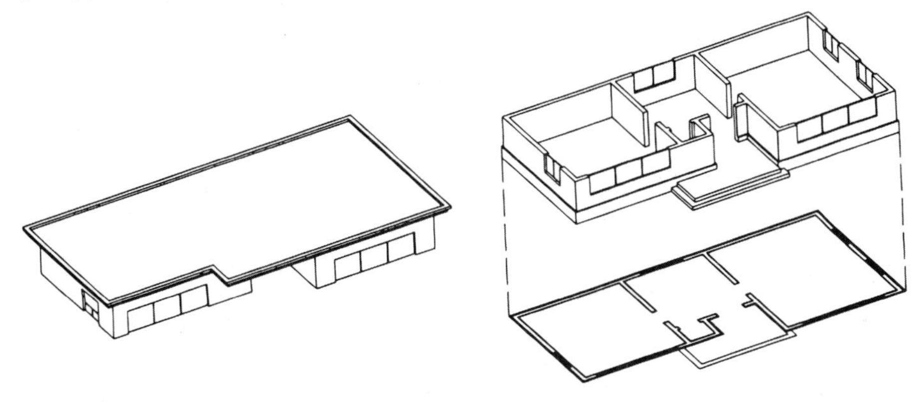

图 3-32　建筑平面图的形成

（3）在画法步骤、尺寸标注、符号等方面都有相同之处。

2．室内平面布置图与建筑施工图的不同点

两者的侧重点不同，因此，在某些方面的表达上也有不同之处。在平面表达上，建筑施工图对房屋结构、细部结构尺寸和材料的选用要求标准更高。要求表达准确无误，尺寸的标注要细到局部；要求标注三道尺寸线，内部标高、外部标高均应详细标出。其绘制要求是：首先要绘出轴线，对轴线进行编号；其次画出墙体厚度、构造柱等尺寸，门窗的大小、尺寸和编号；最后标注三道尺寸线、图名、比例及必要的说明，按照线宽的绘制要求加深墙线。

室内平面布置图是在已建好的房屋中进行二次设计，即只在房屋表面进行装修，因此在设计中只要不改变原有的建筑结构，画图时便可省略原建筑结构、材质及细部构筑尺寸。室内平面布置图省略了轴线的编号、细部尺寸、门窗编号及尺寸，所表达的重点是平面布局、每个房间的功能和房间的内饰符号等。

3.4.2　室内平面布置图的形成与绘制

室内平面布置图是室内设计工程图中的主要图样，它是根据设计原理、人体工学以及用户要求画出的反映建筑平面布局、装饰空间及功能区域划分、家具布置、绿化等内容的图样，是确定室内空间平面尺度及装饰形体定位的主要依据。

1．室内平面布置图的形成与表达

室内平面布置图是指假想用一个水平剖切面，沿着每层的门窗洞口位置对居室进行水平剖切，移去剖切平面以上的部分，对以下部分所绘制的水平正投影图。室内平面布置图实际上是一种水平剖切图，但习惯上称为平面布置图。不仅要求绘出建筑平面图，还要在建筑平面图的基础上将房屋内部所布置的家具、设备等水平投影全部绘出。

2．室内平面布置图的图示内容

室内平面布置图通常包括以下内容：

（1）原有建筑被保留下来的和新增的墙与柱，主要轴线与编号、轴线间的尺寸和总尺寸。

（2）最后确定下来的墙、柱、门窗、楼梯、电梯、管道井、阳台、屋顶平台等，以及各个房间的名称。

（3）室内固定家具、活动家具、各种固定的隔断、厨房及卫生间设备、花台、水池、家用电器等的位置。

（4）室内楼（地）面标高、楼梯平台的标高，室内立面图的内视符号。

（5）剖切符号、断面符号、详图索引符号、图名、比例及必要的说明等。

3．室内平面布置图的绘制步骤

根据室内实际尺寸和图纸大小确定图样比例，通常为 1∶100 或 1∶50。在图纸布局时，必须预留出尺寸标注的空间。

（1）根据开间和进深尺寸画出定位轴线（见图 3-33）。

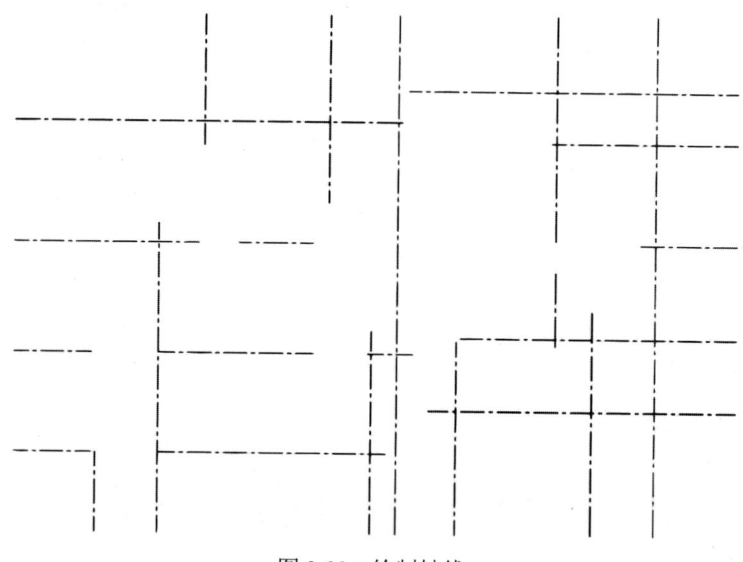

图 3-33　绘制轴线

（2）根据墙厚等尺寸绘制墙体（柱）、门窗、楼梯的轮廓线。

（3）画出门窗洞口的位置和大小（见图 3-34）。

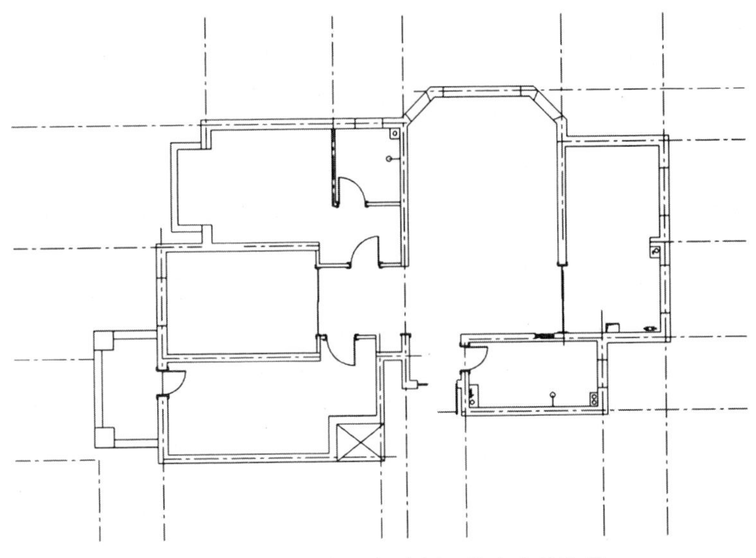

图 3-34 绘制墙体、门窗洞口的大小及位置

（4）绘制出家具、厨房设备、卫生间洁具、电器设备、隔断、装饰构件等其他可见物的轮廓（见图 3-35）。

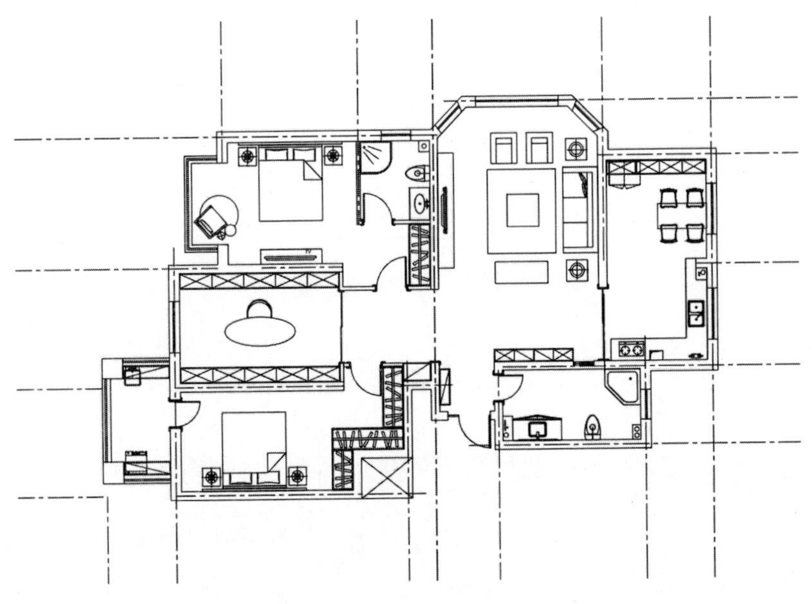

图 3-35 绘制家具等其他可见物

（5）按照尺寸标注的要求进行尺寸标注，先标小尺寸，再标大尺寸。最后绘制剖切符号、定位轴线符号及编号、详图索引符号等以及其他图例，注写图例名称、图名、比例、文字说明（见图 3-36）。

（6）按照平面图图线的要求，线条粗细要分明，将粗实线、中实线进行加深。粗实线（b）包括剖到的墙、柱的断面轮廓线及剖切符号；中粗实线（$0.5b$）包括未剖切到的可见轮廓线，如家具、陈设、设备等和尺寸起止符号；细实线（$0.25b$）包括其他图形线，如图例线、尺寸线、尺寸界线、标高符号、轴线圆圈和文字等。

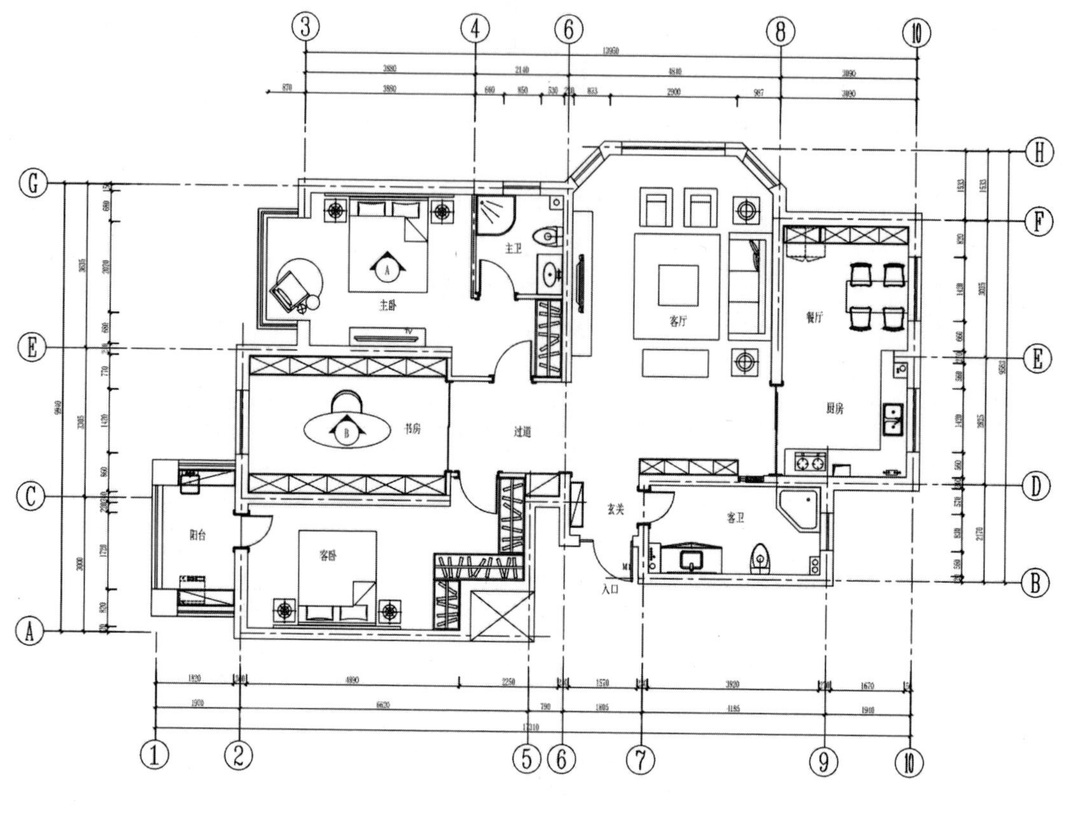

家具布置图　1：100

图 3-36　添加标注、文字，加深线条

3.5　室内地面布置图

3.5.1　室内地面布置图（室内地面平面图）的形成与表达

室内地面布置图是在室内移去可移动的装饰要素（如家具、设备、盆栽等）的理想状况下，假想用一个水平的剖切平面，在略高于窗台的位置，将经过内外装修的房屋整个剖开，移去上面部分，对剩下部分所绘制的水平投影图。其常用比例和室内平面布置图一致。

室内地面布置图用来表明室内各种地面的造型、色彩、位置、高度、图案及所用材料，表明房间内固定布置与建筑主体结构之间以及各种布置与地面之间的相互关系。

3.5.2　室内地面布置图的图示内容与要求

1．室内地面布置图的图示内容

室内地面布置图表示的是各房间地面装饰的形状、图案、材料和构造做法，通常用文

字表示地面的材料，用尺寸表示地面图案的大小，用详图表示其构造做法。

2．室内地面布置图的图示要求

（1）标注地面装饰材料的种类、拼接图案、不同材料的分界线。

（2）标注地面装饰材料的定位尺寸、标准和异型材料的单位尺寸、施工做法。

（3）标注地面装饰嵌条、台阶和梯段防滑条的定位尺寸、材料种类及做法。

（4）如果楼层平面较大，可就一些房间和相关部位的地面装饰单独绘制局部放大图，同样也应符合以上要求。

3.5.3　室内地面布置图的绘制步骤

根据室内实际尺寸和图纸大小确定图样比例，通常为 1∶100 或 1∶50。在进行图纸布局时，必须预留出尺寸标注的空间。

（1）绘出建筑平面图（与前面的室内平面布置图绘制方法一致，绘制定位轴线、墙体、门窗、楼梯等配件）（见图 3-37）。

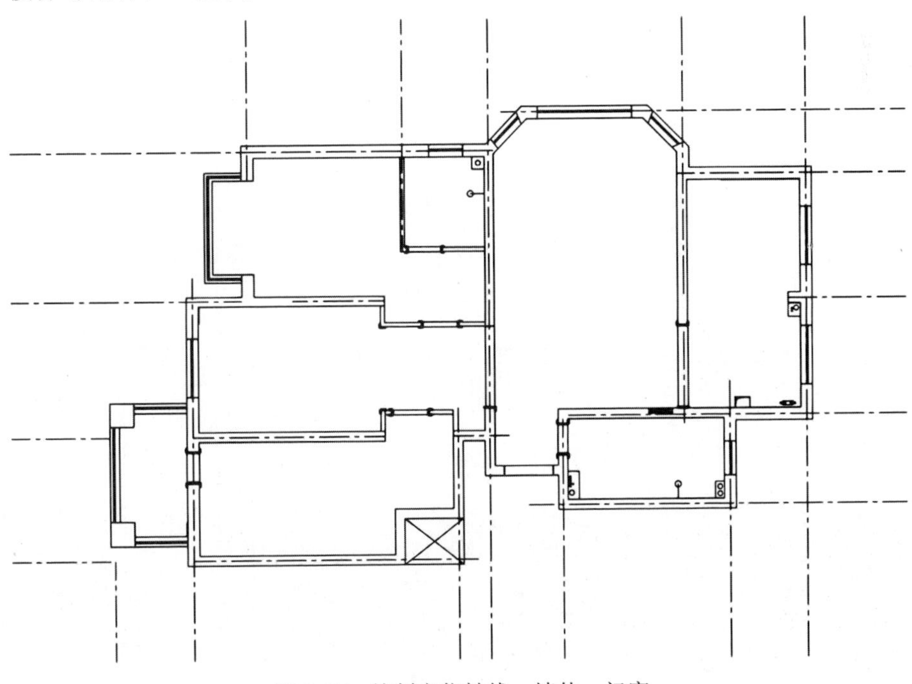

图 3-37　绘制定位轴线、墙体、门窗

（2）绘制地面材质和造型（见图 3-38）。

（3）按照尺寸标注的要求进行尺寸标注，先标小尺寸，再标大尺寸。然后绘制剖切符号、定位轴线符号及编号、详图索引符号、标高符号等以及其他图例，最后注写图名、比例、文字说明、材质说明。

（4）按照地面图图线的要求，线条粗细要分明，将粗实线、中实线进行加深。粗实线（*b*）包括剖到的墙、柱的断面轮廓线及剖切符号；中实线（0.5*b*）包括未剖切到的可见轮廓线，如固定设备、尺寸起止符号；细实线（0.25*b*）包括地面材质、拼花造型、文字等（见图 3-39）。

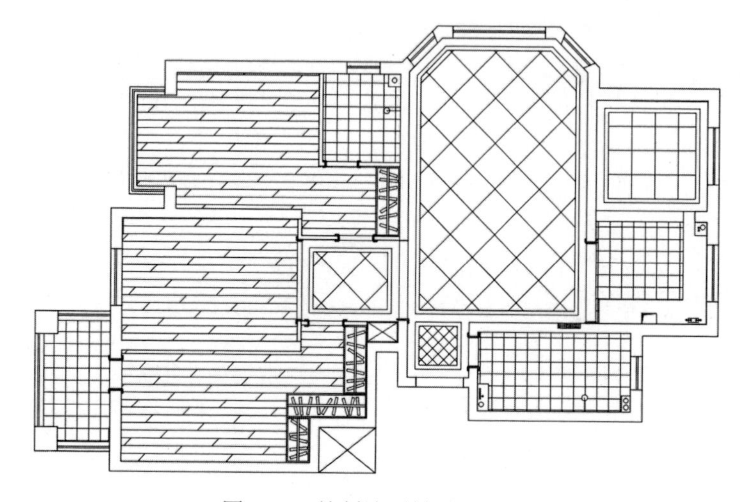

图 3-38　绘制地面材质和造型

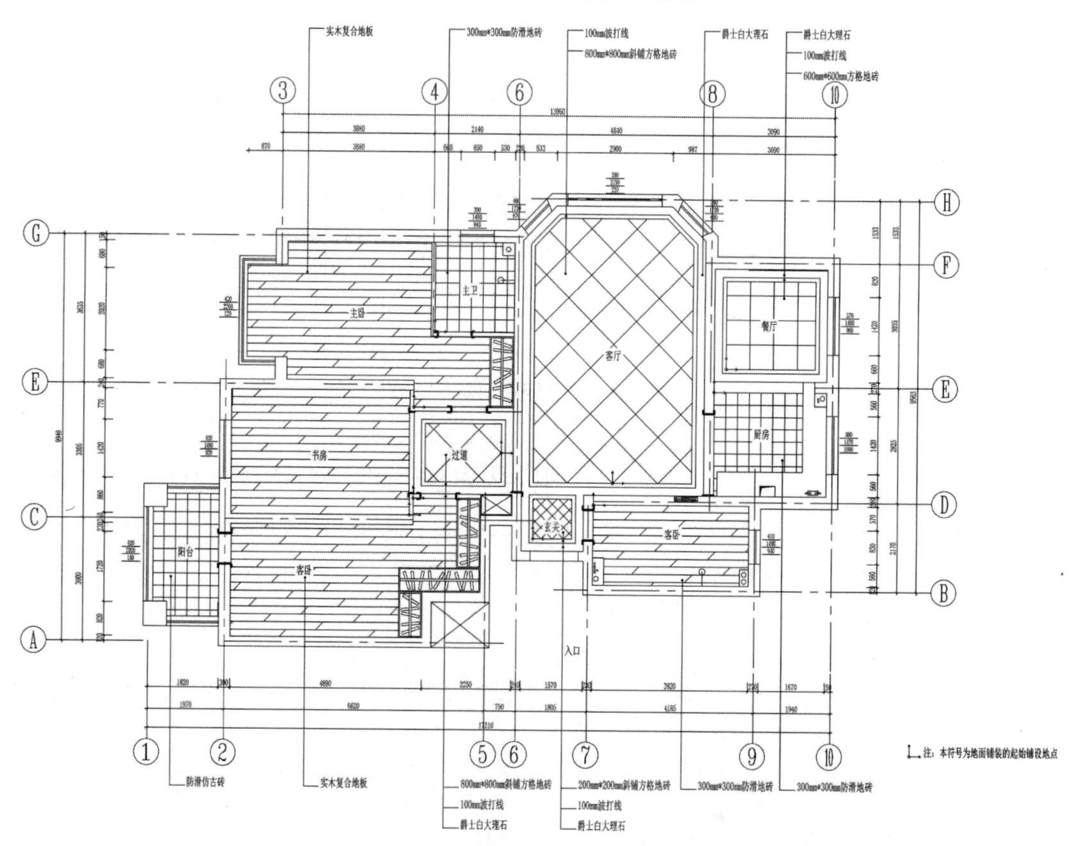

地面铺装图　1：100

图 3-39　添加标注、文字，加深线条

3.6　顶棚平面图

因为室内设计是包含对室内各个界面的装修设计，而顶棚是室内界面中不可或缺的一个界面，所以顶棚平面图是室内装饰施工图中不可或缺的一部分。

顶棚的功能综合性强，其作用除了装饰，还兼有照明、音响、空调、防火等功能。顶棚是室内设计的重要部位，其设计既要有较高的净空高度，以扩大空间效果、提高空气质量，又要将在视觉范围内的梁、板处理好。其设计是否合理对于人的精神感受影响非常大。由于其部位特殊，施工的难度也比较大。

3.6.1　顶棚平面图的形成与表达

顶棚平面图的形成方法有两种，即镜像投影法和仰视投影法。镜像投影法是将室内的地面假设成一面镜子，将顶棚上的所有内容映在这面镜子里，所得的正投影图与室内平面图能够相对应。仰视投影法是对顶棚这部分的剖切内容进行仰视作图。通常采用镜像投影法绘制顶棚平面图。常用的比例为 1∶50 或 1∶100。

3.6.2　顶棚平面图的图示内容

（1）建筑平面及门窗洞口，门洞画出边线即可，不画门扇及开启线。

（2）室内顶棚的造型、尺寸、做法和说明。室内顶棚形状造型的投影轮廓用尺寸标明，高低起伏的变化可用标高表示，构造复杂的造型另绘制剖面图表示。

（3）室内顶棚灯具符号及具体位置。包括灯具的类型（吊灯、筒灯、射灯、吸顶灯、灯带等），灯具的位置以及灯具与相对固定物之间的距离，灯具的安装方式。

（4）室内各种顶棚完成面标高（按每一层楼地面为零点标注顶棚装饰面标高）。

（5）与顶棚相接的家具、设备的位置及尺寸、窗帘及窗帘盒等。

（6）空调送风口和自动报警器的位置。

（7）索引符号、图名、比例及必要的说明文字。

（8）顶棚上的复杂装饰，当比例较大时，可直接在顶棚平面图中绘制出来，否则必须附有详图。

（9）文字标注：顶棚上的材料、色彩、工艺等，需用文字标示出来。

（10）符号标注：当有剖面图和详图时，需标出剖切符号、详图索引符号，以及其他符号。

（11）灯具图例表，不同图样对应的灯具类型。

3.6.3　顶棚平面图的绘制步骤

根据建筑实际尺寸和图纸大小确定图样比例，通常为 1∶100 或 1∶50。在图纸布局时，

必须预留出尺寸标注的空间。

（1）绘出建筑平面图（与前面的室内平面布置图绘制方法一致，绘制定位轴线、墙体、楼梯等配件，见图 3-40）。

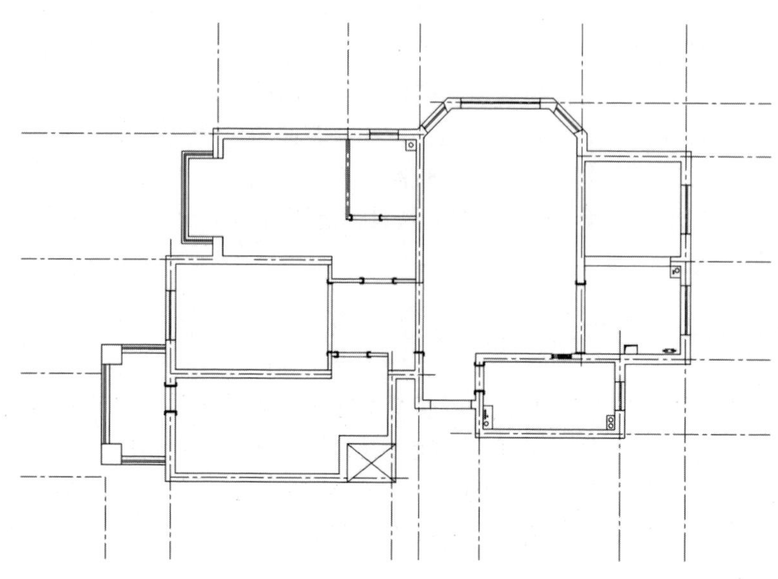

图 3-40　绘制定位轴线、墙体

（2）绘制门窗洞口投影，并用细实线连接。

（3）绘制出顶棚造型、灯具、窗帘、暖通、音响、消防等设备的大小与位置，暗藏灯带需用虚线绘制（见图 3-41）。

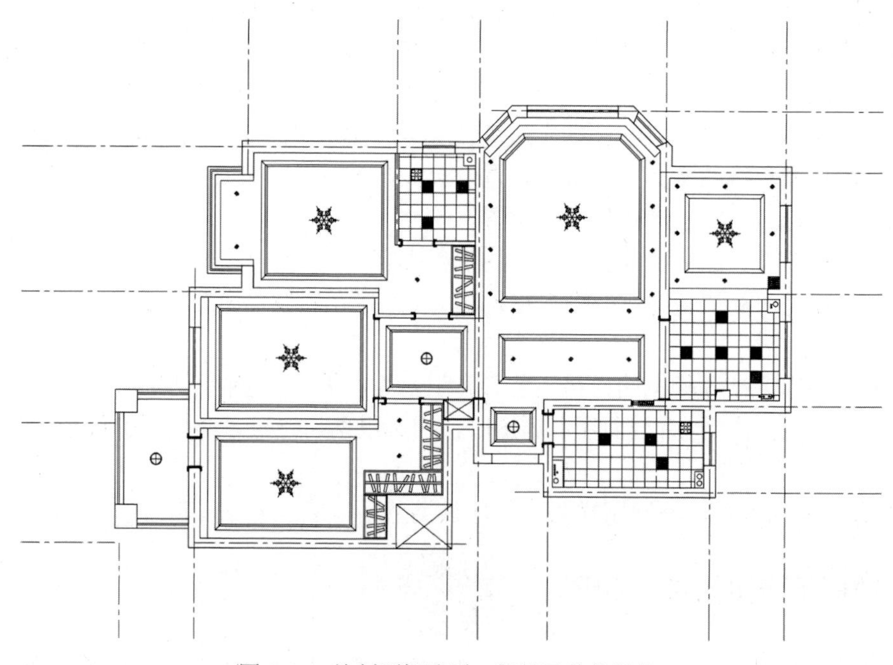

图 3-41　绘制顶棚造型、灯具及其他设备

（4）按照尺寸标注的要求进行尺寸标注，先标小尺寸，再标大尺寸。对顶棚造型进行标高。最后绘制剖切符号、定位轴线符号及编号、详图索引符号等以及其他图例，注写灯具图例名称、图名、比例、文字说明。

（5）按照顶面图图线的要求，线条粗细要分明，将粗实线、中实线进行加深。粗实线（b）包括剖到的墙、柱的断面轮廓线及剖切符号；中粗实线（$0.5b$）包括未剖切到的可见轮廓线，如顶棚造型、灯具、其他设备等和尺寸起止符号；细实线（$0.25b$）包括其他图形线，如图例线、尺寸线、尺寸界线、标高符号、轴线圆圈、文字等（见图 3-42）。

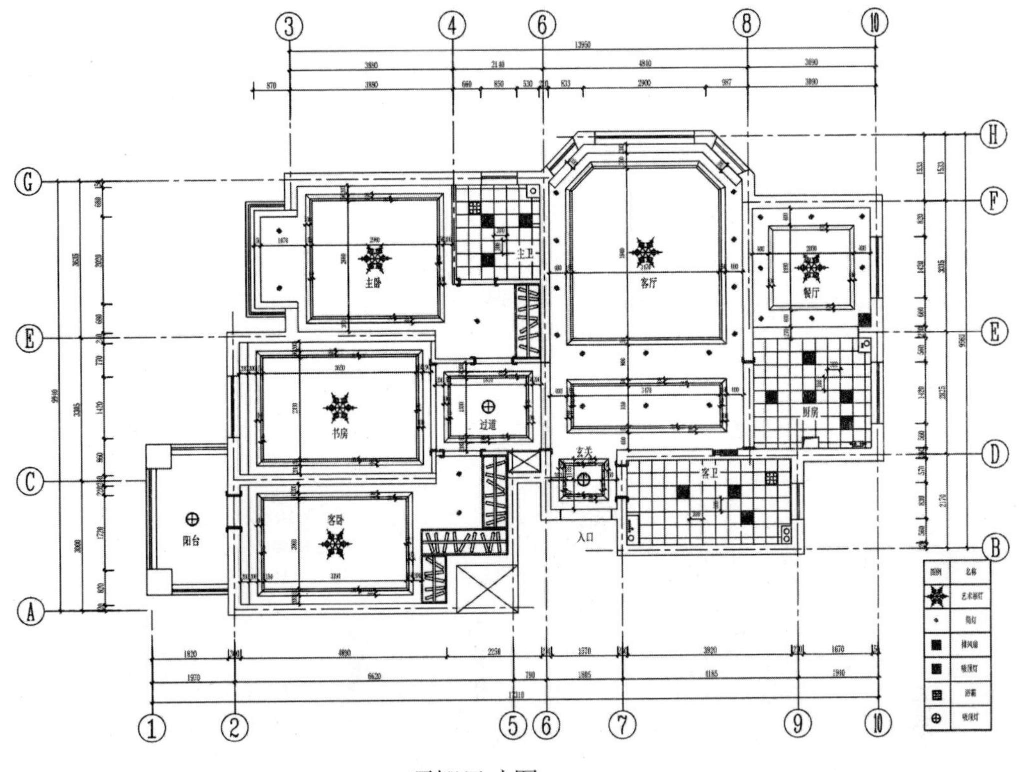

图 3-42　添加标注、文字，加深线条

3.7　室内立面图

3.7.1　室内立面图的形成与表达

室内立面图是按照室内平面布置图中内视符号所指的方向，向着立面（V 面）投影所绘制的正投影图（见图 3-43），其名称由内视符号的编号或字母确定。室内立面图反映室内空间垂直方向的装饰设计形式、尺寸、做法、材料与色彩的选用等内容，是装饰施工的主要依据（见图 3-44）。

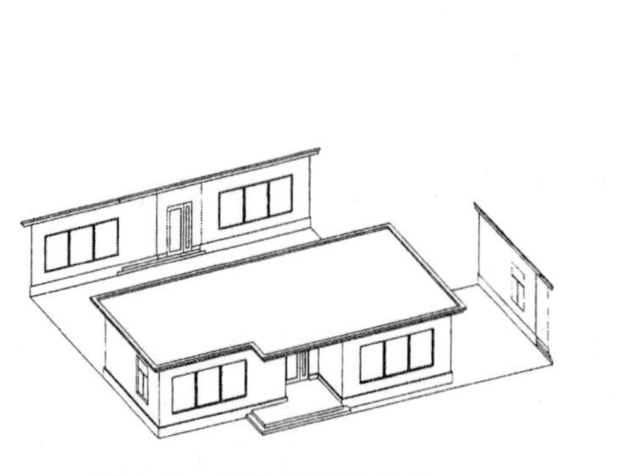

图 3-43　建筑立面的形成

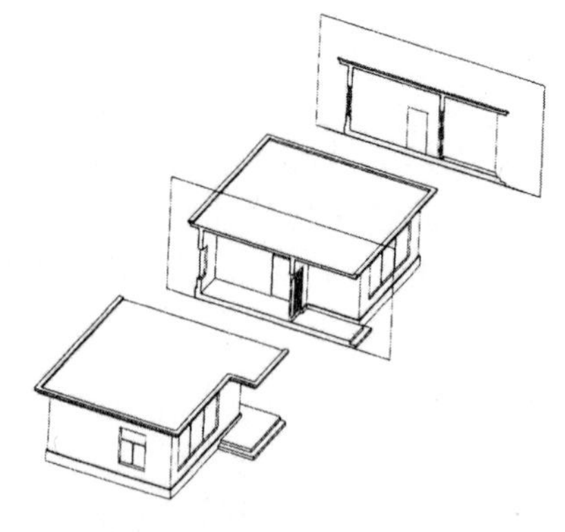

图 3-44　室内装饰立面的形成

在立面的表达上，建筑施工图用于指导建筑工程施工，因此没有必要在施工图中加画阴影和配景，而在室内设计施工图中，有时为了增强艺术感和感染力，允许加画配景，如花、草、树木、家具的投影等（见图 3-45）。

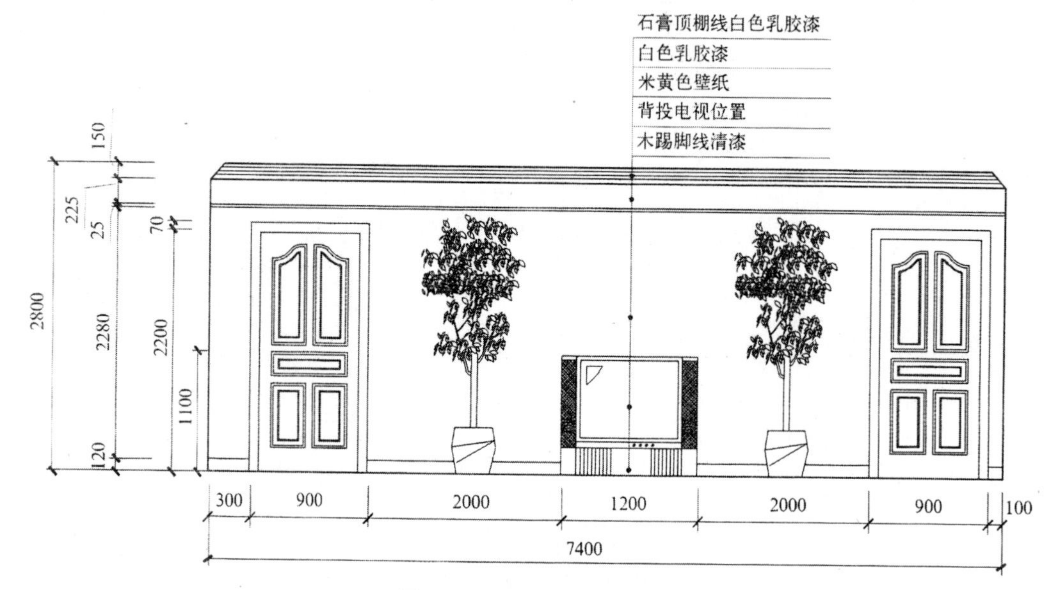

图 3-45　室内装饰立面图

3.7.2　室内立面图的分类

在室内设计实践中，通常将室内设计立面图细分为两类，一类是立面布置图，另一类是装饰立面图。

立面布置图主要用来表现室内某个方面的外貌观赏形象及室内各种装饰布置的竖向关系和墙面装饰设计的效果，是集室内功能、家具及设备、装饰艺术于一体的集中表现（见图 3-46）。

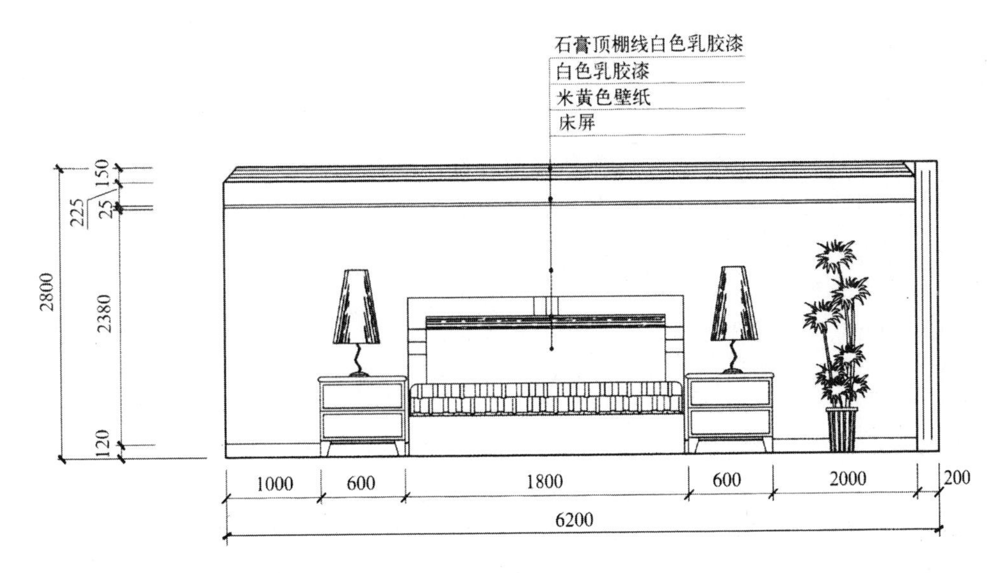

图 3-46　室内立面布置图

装饰立面图是施工操作人员对装饰设计进行施工的依据，与建筑施工图一样，不允许有阴影和配景。它实质上是某一方向墙面的正视图，只表现某一方向室内墙面的观赏外貌与墙面的装饰装修做法，其他可移动的装饰物品可省去不予表现（见图 3-47）。

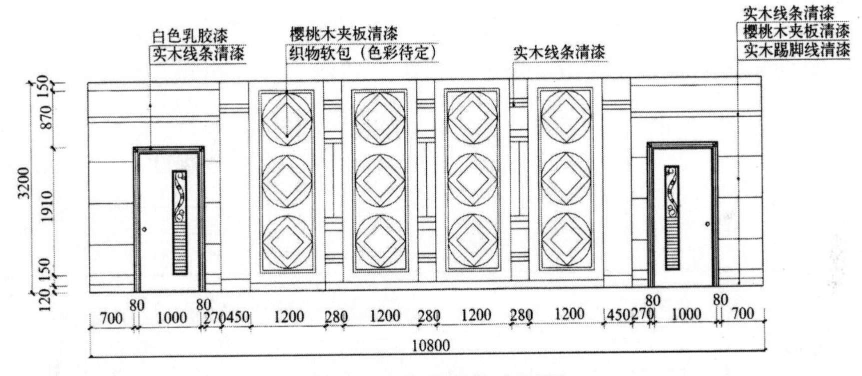

图 3-47　室内装饰立面图

两者所表现的内容与画法要求基本相同，只是装饰立面图侧重表现墙体固定装饰材料；而立面布置图则侧重表现室内装饰的整体效果。

3.7.3　室内立面图的图示内容与绘制要求

1. 立面布置图的图示内容

（1）立面布置图要画出既定的所有能观察到的物品，如家具、家电等。家具陈设等物品应根据实际大小用图面统一比例绘制，其尺寸可不标注。

（2）标出墙面纵向尺寸及横向尺寸，对顶面、地面等表面还要用标高注明其高度。

（3）标明墙面装饰材料、色彩，如墙面上有装饰壁画及灯具等装饰物，也应该标明。

（4）标明室内绿化、水体等立面设计形象。

2. 装饰立面图的图示内容

（1）标明内视方向指定的墙面上装饰的划分及材料色彩。

（2）标明墙面上设置的壁灯形式、位置与数量。

（3）标明与墙体相结合的壁龛、壁炉及其相关的橱柜等装饰内容。

（4）画出墙面上的门窗与相关的窗帘盒等形式。

（5）画出欲进行再表达的局部剖切位置及详图索引。

（6）标明装修所需的竖向尺寸与横向尺寸。

3. 绘制要求

无论是装饰立面图还是立面布置图，其图外一般标注一至两道竖向及水平尺寸，以及楼地面、顶棚等装饰标高，图内一般应标注主要装饰造型的定形和定位尺寸。做法标注一般采用 90° 的垂直引出线引出，外轮廓用粗实线表示，墙面上的门窗及凹凸于墙面的造型用中实线表示，其他图示内容、尺寸标注、引出线等均用细实线表示，室内立面不画虚线。比例一般用 1∶50，也可以用 1∶20 或 1∶10 等。

室内立面图的绘制方法基本有三种：一是绘制要表达装饰立面与屋顶、墙面的轮廓线，重点是表现墙面造型、色彩等细部装饰（见图 3-47）；二是在立面的两侧绘出墙体（柱）的剖切面，在顶部绘出墙与顶面的交线，重点还是表现墙面的装饰细部〔见图 3-48（a）〕；三是绘制出装饰立面两侧的墙剖面，顶部也绘出剖切面，其他相同〔见图 3-48（b）〕。

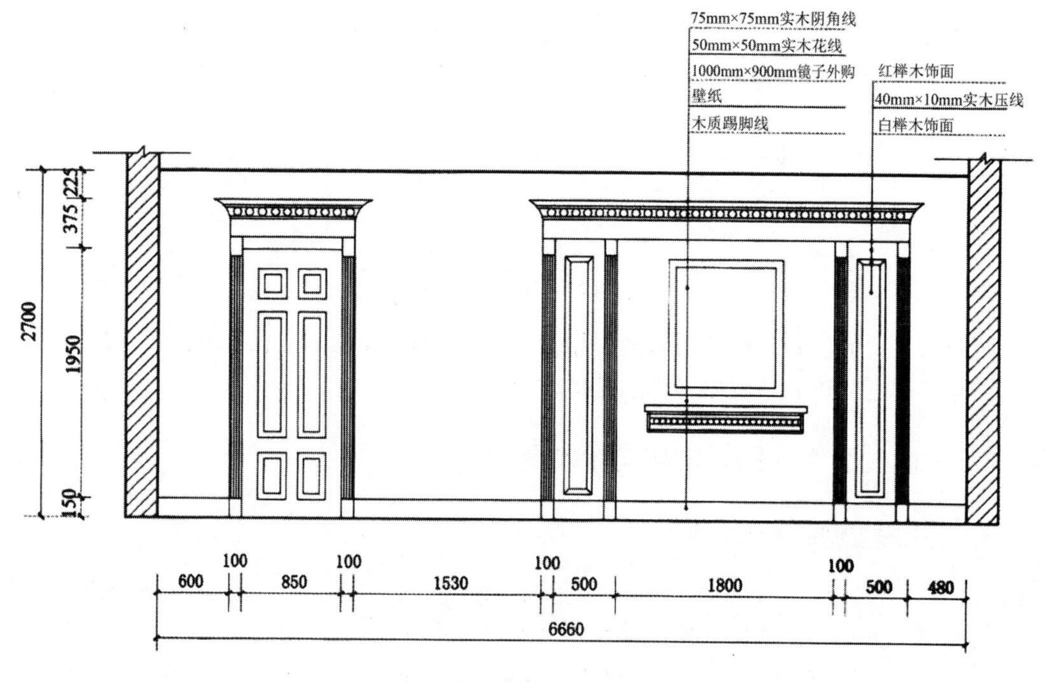

（a）

图 3-48　室内立面图

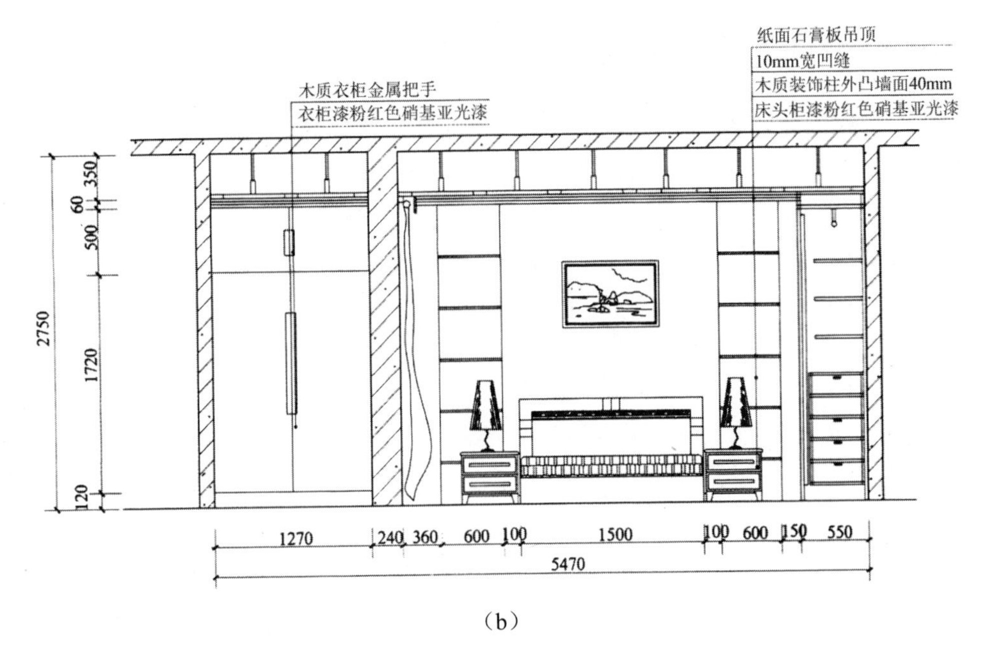

（b）

图 3-48　室内立面图（续）

一般来讲，如果吊顶大样图已经绘制得很详细，那么最好采用前两种绘制方式。如果吊顶没有在其他方面表现出来，就要采用第三种绘制方式，因为它不仅可以反映装饰立面，还可以表现吊顶大样图。

3.7.4　立面图的绘制步骤

根据室内实际尺寸和图纸大小确定图样比例。在图纸布局时，必须预留出尺寸标注的空间。

（1）确定墙体轴线、立面宽度、墙体厚度、家具位置。

（2）画出地面线、房间的高度、吊顶的高度线以及各家具的高度线。

（3）绘制室内墙面的装修形式，如踢脚线、墙面处理分割线等，若墙面装修复杂，可不绘制地面靠墙家具等陈设，以免遮挡。

（4）按照尺寸标注的要求进行尺寸标注，先标小尺寸，再标大尺寸。最后绘制剖切符号、详图索引符号、定位轴线符号及编号等，注写图名、比例、文字说明。

（5）按照立面图图线的要求，线条粗细要分明。粗实线（*b*）包括地平面、墙、柱的轮廓线及剖切符号；中粗实线（0.5*b*）包括未剖切到的可见轮廓线，如墙面造型、家具陈设、其他设备等和尺寸起止符号；细实线（0.25*b*）包括其他图形线，如图例线、尺寸线、尺寸界线、标高符号、轴线圆圈、文字等。

3.8　室 内 详 图

3.8.1　室内详图的形成

当室内平面图、立面图中的某一局部造型结构较复杂，需要进一步呈现时，应将这一部分用较大比例画出，此图样称为室内详图，又称大样图、节点图。

室内详图用于表达装饰结构的细节，所用的装饰材料和规格，构造中各部分的连接方法和相对的位置关系，各个组成部分的详细尺寸，包含标高、施工要求和工艺做法（见图 3-49）。

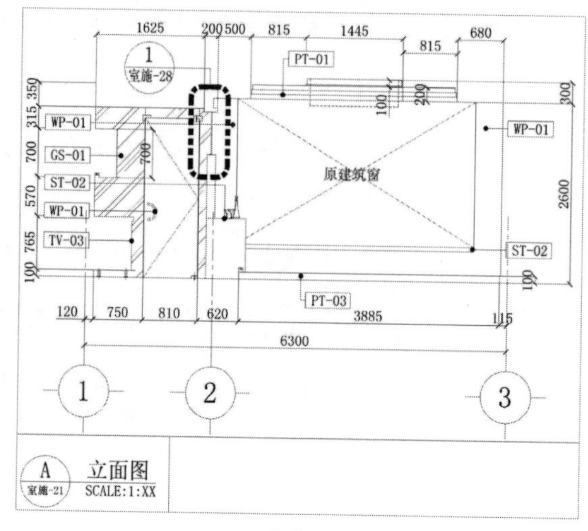

（a）

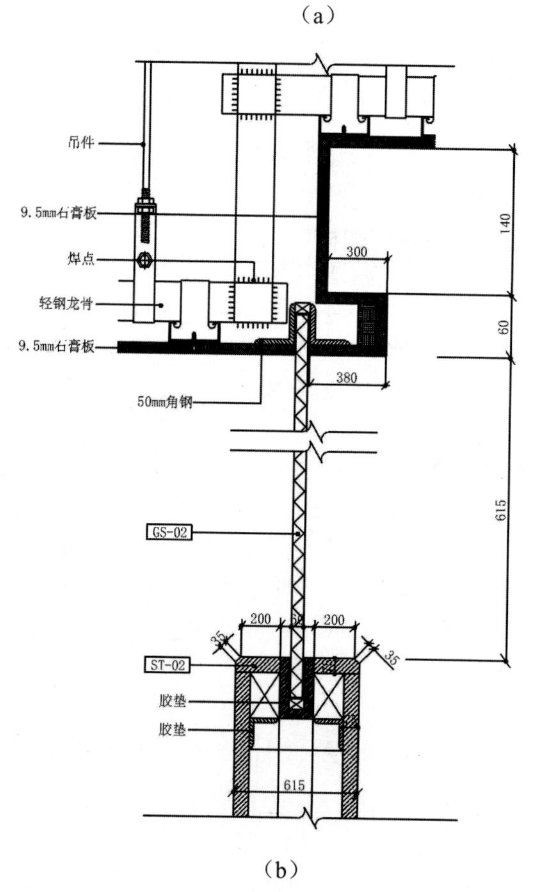

（b）

图 3-49　室内详图

3.8.2　室内详图的图示内容

（1）装饰形体的建筑做法。
（2）造型样式、材料选用、尺寸标高。
（3）所依附的建筑结构材料、连接做法。
（4）装饰体基层板材的图示。
（5）装饰面层、胶缝及线角的图示，复杂线角及造型等还应绘制大样图。
（6）色彩及做法说明。
（7）索引符号、图名、比例等。

3.8.3　室内详图的分类

在一个室内设计工程中，需要画出多少详图、画哪些部位的详图，要根据工程的大小和复杂程度而定。一般工程中，装饰详图按其使用部位大致可以分为以下几种：
（1）墙（柱）面装饰剖切详图。
（2）地面局部放样图、构造层次图。
（3）吊顶装饰详图。
（4）其他装饰详图，如家具、电视背景墙、门窗的装饰大样等。

3.8.4　室内详图的绘制步骤

根据室内实际尺寸和图纸大小确定图样比例，通常为 1∶1～1∶20。在图纸布局时，必须预留出尺寸标注的空间。以下是门装饰大样图的绘制步骤。
（1）绘制详图中装饰构件的轮廓造型（见图 3-50），各个组成构件的相互位置关系（见图 3-51）。

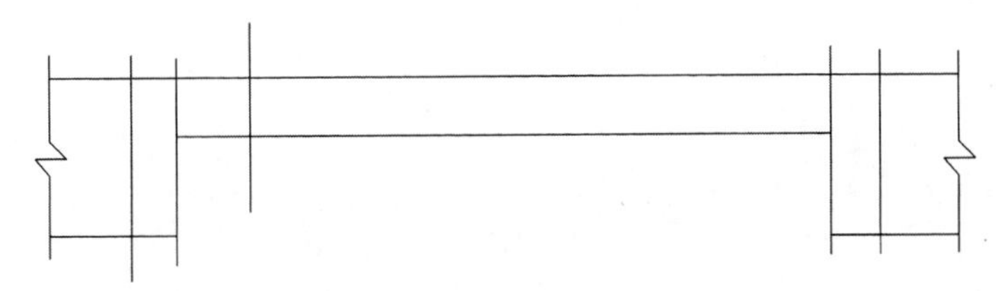

图 3-50　画出门与墙身的轮廓线

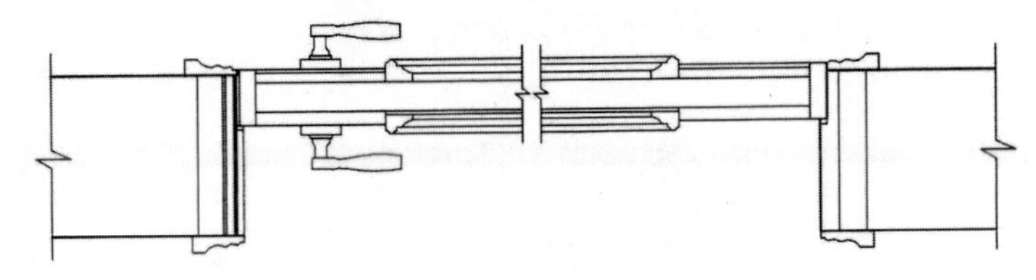

图 3-51　画出门与门套的构造层次

（2）绘制各个组成构件的连接方式，用图例表达不同的材料（见图 3-52）。

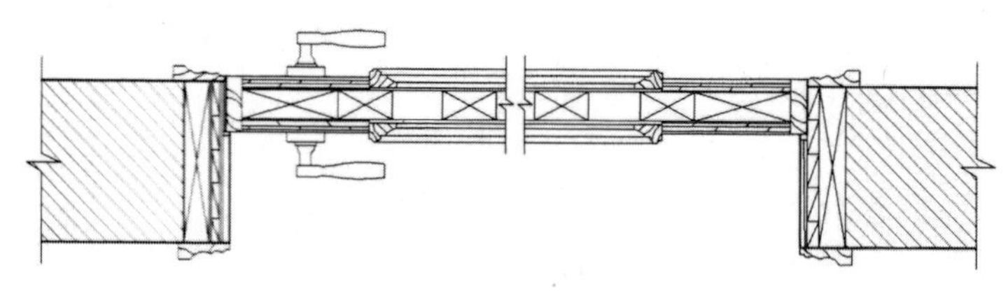

图 3-52　画出材料图例

（3）绘制详细且准确无误的尺寸、文字标明材料、规格、色彩、施工工艺等。

（4）按照图线的要求，线条粗细要分明。粗实线（*b*）包括装修完成面的轮廓线；中粗实线（0.5*b*）包括未剖切到的可见轮廓线和尺寸起止符号；细实线（0.25*b*）包括其他图形线，如图例线、尺寸线、尺寸界线、标高符号、轴线圆圈等。详图图名应与平面图、立面图中的索引符号及编号相对应，以便对照读图（见图 3-53）。

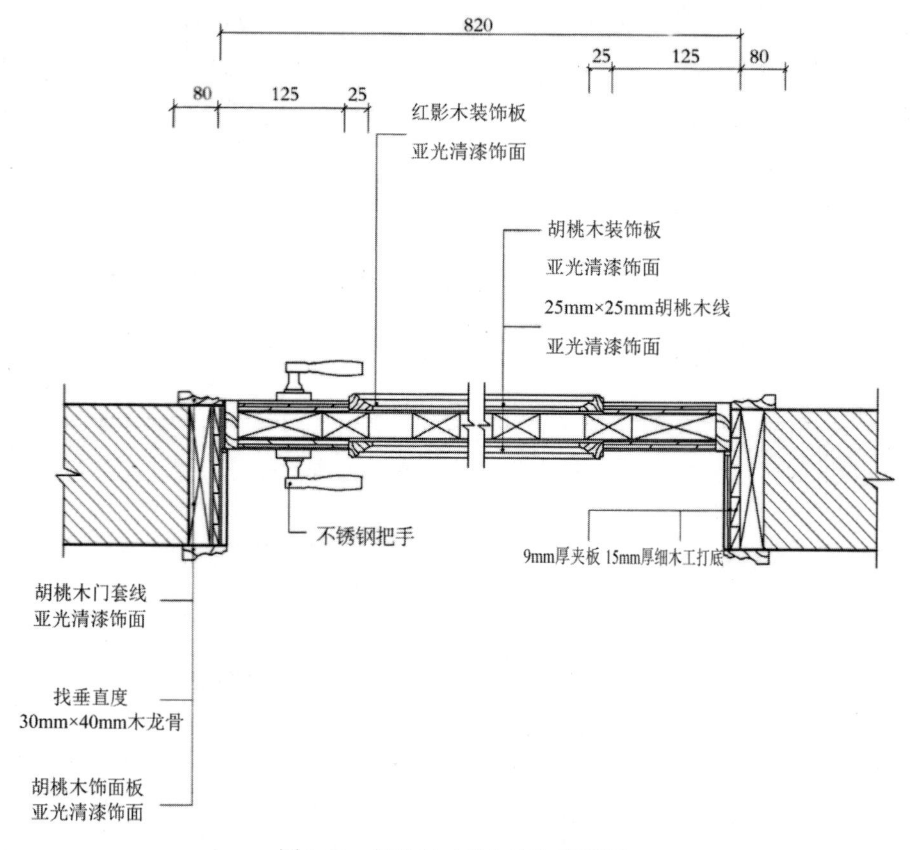

图 3-53　标注尺寸及加深加粗图线

本 章 小 结

本章介绍了室内设计制图标准及施工图的相关知识。施工图的具体内容包括平面布置图、地面布置图、顶棚平面图、立面图、详图的形成过程、图示内容与绘制要求。通过本

章的学习，读者可以深刻理解各种图样的内容表达和绘制要求。

思考与练习

虚拟一个室内空间，空间类型不限，可以是居住空间、办公空间、展示空间等。根据制图标准，绘制此空间的平面图、地面图、顶面图、立面图和剖面详图。

要求：

（1）绘制平面布置图、地面布置图。

（2）绘制每个空间四个墙面图的剖切图。

（3）绘制顶面布置图及剖切大样图。

（4）添加必要的说明和材料选用表。

（5）选择合适的图纸幅面，比例自定。

第 4 章　室内设计构造详图

本章学习提要

本章介绍室内装饰构造与节点详图，从地面、墙面、吊顶这三个部位入手，介绍不同材料、不同部位的装饰构造详图。

知识点

- 室内装饰构造方法。
- 室内装饰节点详图的形成。
- 地面装饰构造详图。
- 墙面装饰构造详图。
- 吊顶装饰构造详图。

重点

构造详图的识读与绘制。

室内装饰设计中有很多细节设计，它们在整体设计中占有很重要的位置，而节点设计是反映装饰细节的一个重要部分。节点设计是对某个局部构造进行详细的描绘及说明，一般以节点图的形式体现。节点图可以表达设计师对装饰细节的要求，同时，它也是内部构造做法、工艺、材料以及实施技术的直接表达和体现。室内装饰节点图的设计是否到位，将直接影响项目的装饰效果、施工品质和工程造价。

室内装饰节点图是对平面图、立面图中一些无法明确表达深度及内部构造的部分所进行的详细描述，通常有局部剖面图、节点详图、大样图等。本章以节点详图为例进行介绍。

4.1　室内装饰构造与节点详图

4.1.1　室内装饰构造方法

室内装饰构造方法是指为实施建筑设计装饰装修方案所采用的具体做法。其基本要求是：

（1）选择合适的构造方法。

（2）选择便捷、恰当的施工工艺。

（3）满足坚固、安全、可靠的要求。

（4）做到造型美观大方。

室内装饰构造方法一般有现制方法、粘贴方法、装配方法、综合技法等。

4.1.2　室内装饰节点详图的形成

节点详图用于表现平面图、立面图、剖面图或文字说明中无法交代或交代不清的细部构造，主要反映装饰的细部做法、不同材质交接关系等，并对剖切部位的内部构造、装饰材料、详细尺寸、施工要求等进行说明。节点详图常用的比例为 1∶2、1∶3、1∶5 等。

室内装饰节点详图要符合相关的标准、规范，达到合规性、安全性、合理性、适用性，并具有可实施性。

4.1.3　室内装饰节点详图的运用范围

（1）吊顶、墙面及地面特殊材质构造。

（2）创意、设计、造型、装饰线条等部位。

（3）非标准的须委托定制加工的部件。

（4）装饰部件与主体结构交接部位。

（5）不同装饰面、不同装饰材料的交接处。

（6）装饰面与设备末端的交接处。

（7）平面图、立面图或文字说明中无法交代或交代不清的部位。

4.1.4　室内装饰节点详图的识读方法

（1）首先应根据图名，在平面图、立面图中找到相应的剖切符号或索引符号，弄清楚剖切或索引的位置及视图投影方向。

（2）在详图中了解有关构件、配件和装饰面的连接形式、材料、截面形状和尺寸等内容。

（3）由于装饰工程的技术特点和施工特点，表示其细部做法的图样往往比较复杂，不能像土建工程图和安装工程图那样广泛运用国家标准、省级标准及市级标准等标准图册，所以读图时要反复对照并查阅图纸，应特别注意节点详图中各种材料的组合方式及工艺要求。

4.1.5　室内装饰节点详图的绘制步骤

（1）采用适当的比例，根据物体的尺寸绘制大体轮廓。

（2）考虑细节，将图中内容用粗、细线条加以区分。

（3）绘制材料符号。

（4）详细标注相关尺寸与文字说明，书写图名和比例。

4.2 地面装饰构造详图

本节以石材、地砖、木板这三种地面材料为例，介绍不同材质的地面装饰构造节点详图。

4.2.1 石材装饰地面的详图

石材装饰地面是指用加工的石材作为地面面层材料的装饰形式。石材主要包括天然石材（天然大理石、花岗石等）和人造石材。这类装饰地面具有耐磨性好、强度高、刚性大、易清洗等优点。

石材装饰地面的详图如图 4-1 所示。

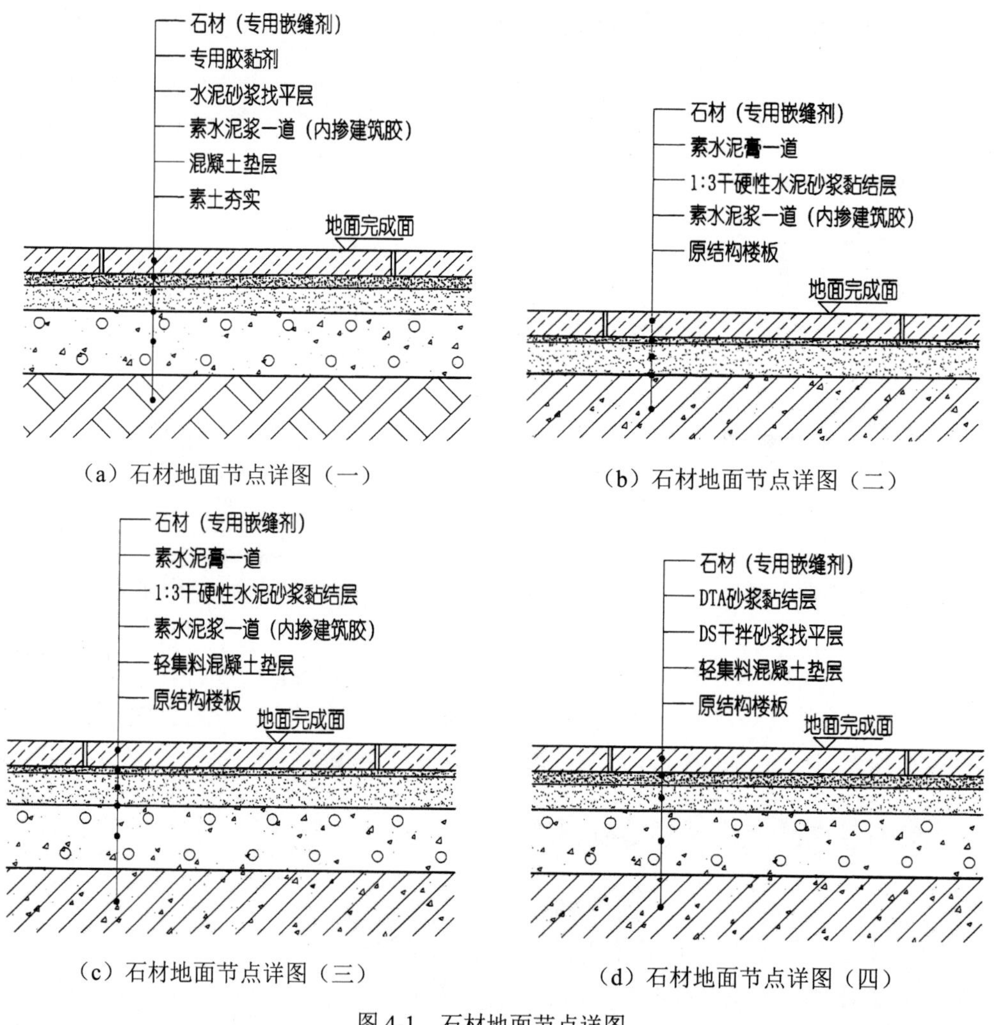

（a）石材地面节点详图（一）

（b）石材地面节点详图（二）

（c）石材地面节点详图（三）

（d）石材地面节点详图（四）

图 4-1 石材地面节点详图

代码释义：DS——地面、楼面、屋面的抹面砂浆、找平砂浆；DTA——陶瓷砖胶黏剂。

4.2.2　地砖装饰地面的详图

地砖装饰地面是指以地面砖作为地面装饰面材的一种装饰形式。地砖的种类很多，主要包括彩釉地砖、瓷质彩胎抛光地砖、防滑地砖等。用地砖装饰的地面具有色彩均匀、砖面平整、抗腐耐磨、易于清洗等特点，而且地砖有利于组合成各种图案，可以取得较好的装饰效果。

地砖装饰地面的详图如图 4-2 所示。

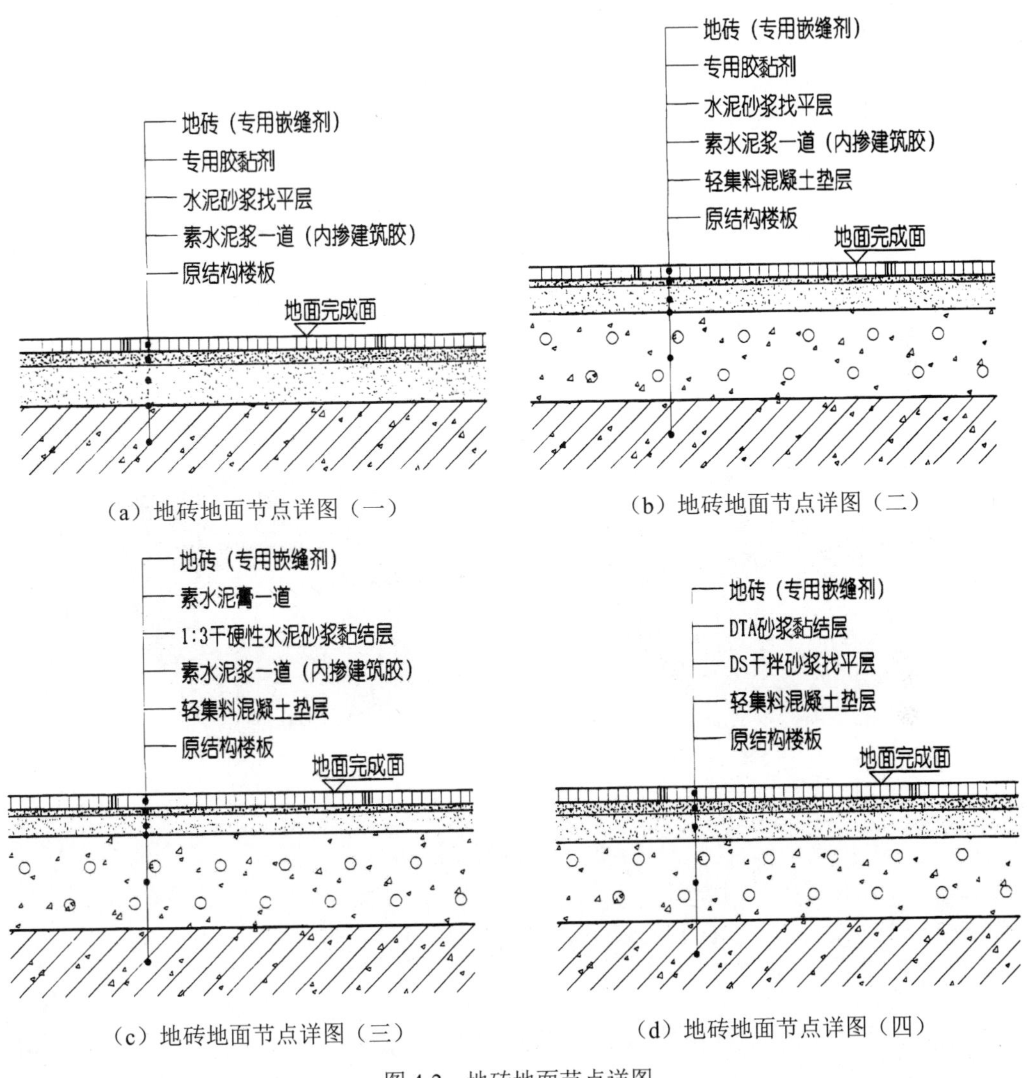

（a）地砖地面节点详图（一）

（b）地砖地面节点详图（二）

（c）地砖地面节点详图（三）

（d）地砖地面节点详图（四）

图 4-2　地砖地面节点详图

4.2.3　木板装饰地面的详图

木板装饰地面分为平铺式与架空式两种构造方法。

平铺式木地面是将木质地板直接浮搁或粘贴在钢筋混凝土楼板基层之上作为面层的地面。这种地面做法省去了龙骨，构造简单。根据所用材料的不同可分为实木拼花地板和复合地板两种。

架空式木地面是以龙骨作为架空支撑骨架的木面层地面。将梯形或矩形截面的木龙骨以 300～400mm 为间距，铺于钢筋混凝土楼板或混凝土垫层上，然后在龙骨上钉面层木板。

木板装饰地面的详图如图 4-3 所示。

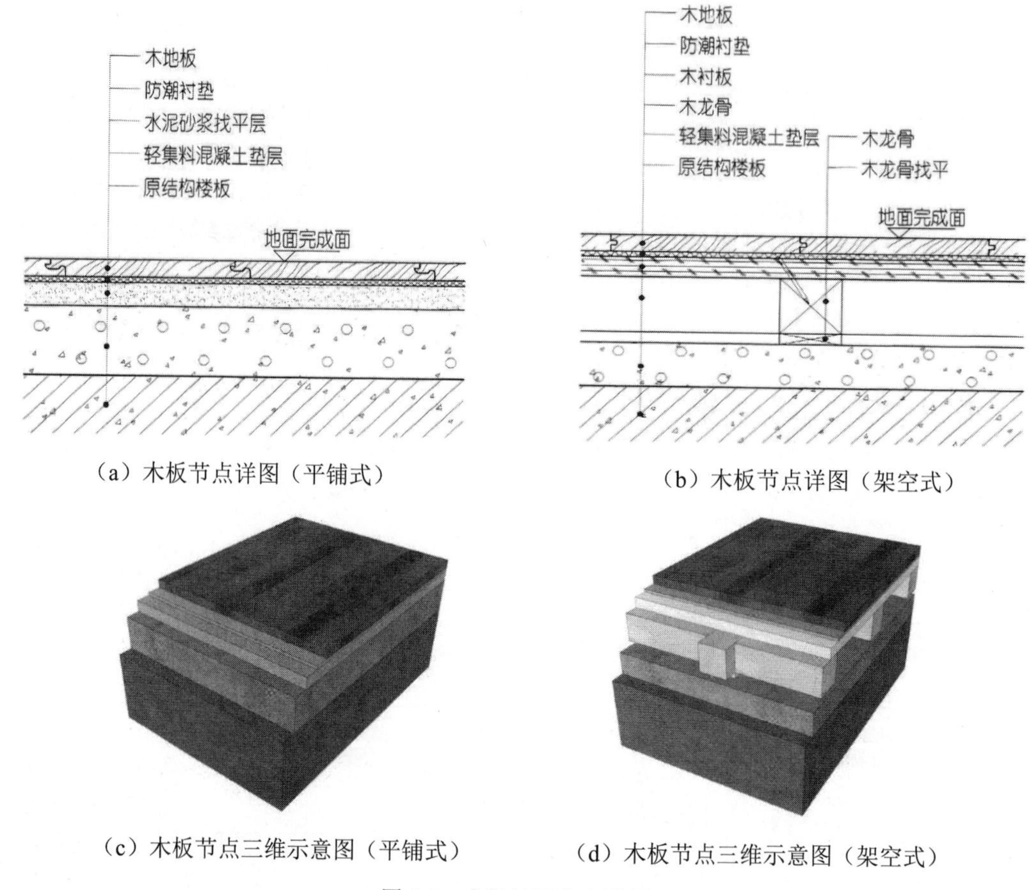

（a）木板节点详图（平铺式）

（b）木板节点详图（架空式）

（c）木板节点三维示意图（平铺式）

（d）木板节点三维示意图（架空式）

图 4-3　木板地面节点详图

4.3　墙体饰面构造详图

常见的室内墙体装饰材料有木饰面、面砖、软包、涂料等，常见的施工工艺有粘贴和干挂。本节将举例介绍不同材料的墙面装饰构造节点。

4.3.1　木饰面板墙面构造详图

木饰面板墙面构造详图如图 4-4 所示。

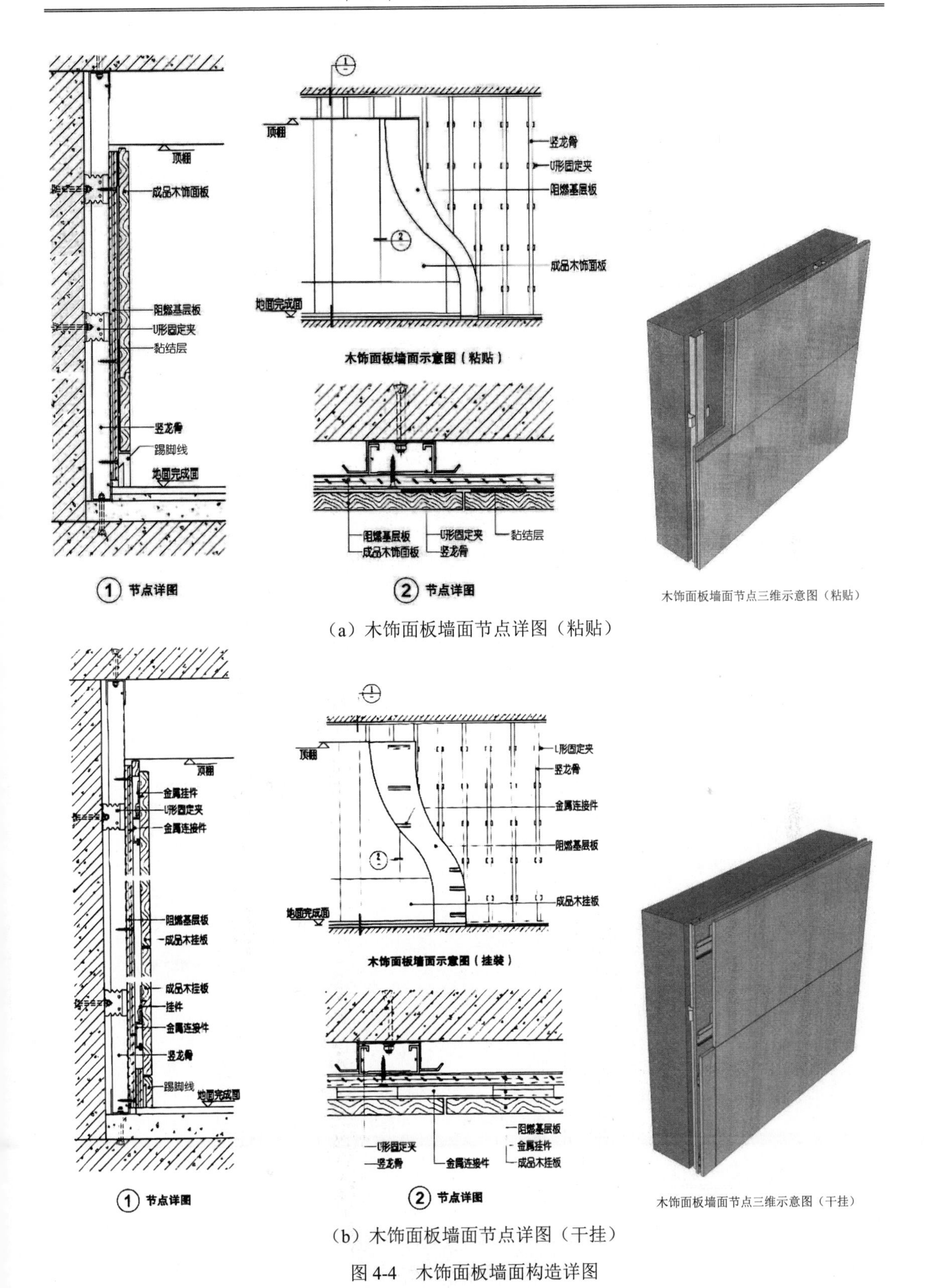

（a）木饰面板墙面节点详图（粘贴）

（b）木饰面板墙面节点详图（干挂）

图 4-4　木饰面板墙面构造详图

4.3.2　面砖墙面构造详图

面砖墙面构造详图如图 4-5 所示。

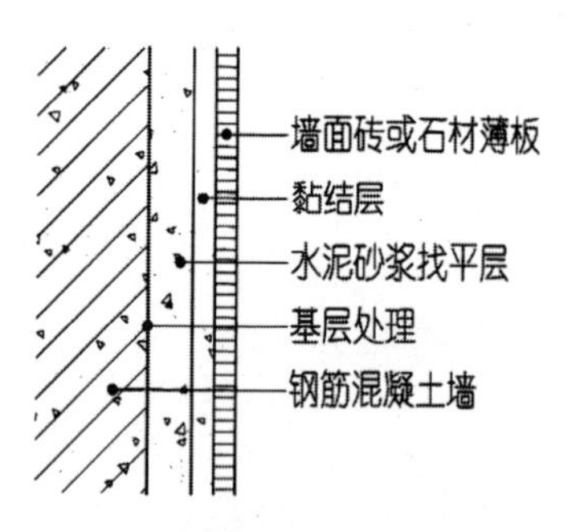

（a）墙面砖粘贴节点详图（钢筋混凝土墙）

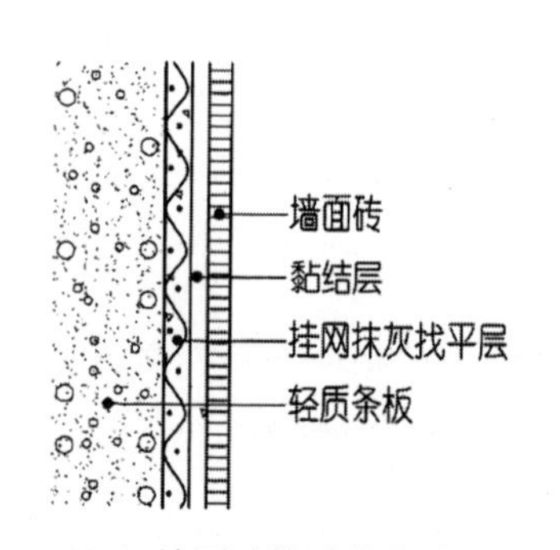

（b）墙面砖粘贴节点详图（轻质条板墙）

（c）面砖墙面节点三维示意图

图 4-5　面砖墙面构造详图

4.3.3　软包墙面构造详图

软包墙面构造详图如图 4-6 所示。

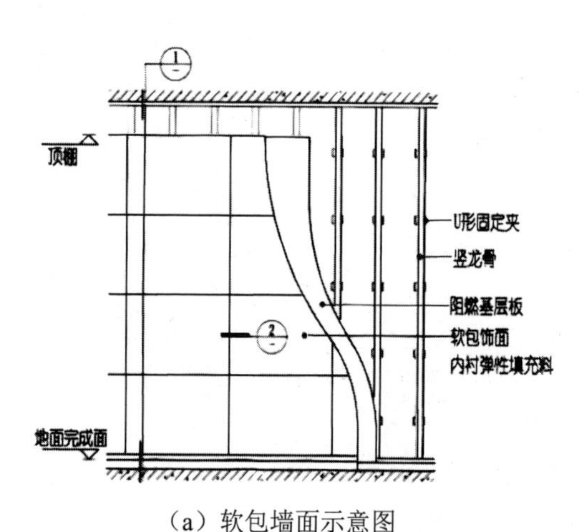

（a）软包墙面示意图

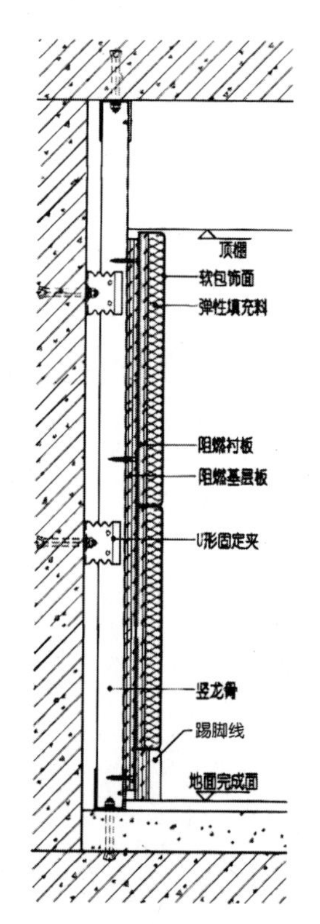

（b）①节点详图

图 4-6　软包墙面构造详图

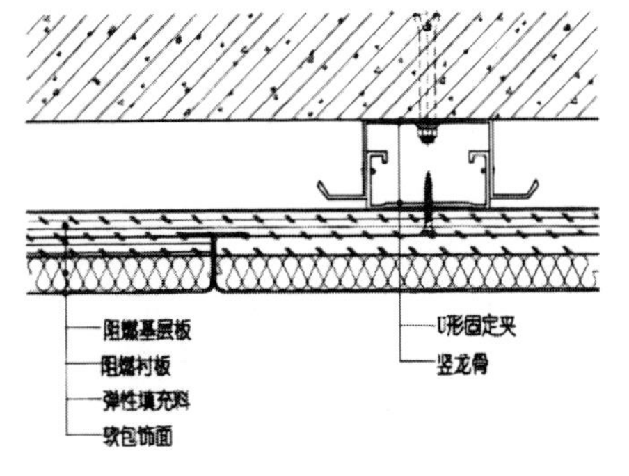

（c）②节点详图

（d）软包墙面节点三维示意图

图4-6　软包墙面构造详图（续）

4.3.4　涂料墙面构造详图

涂料墙面构造详图如图4-7所示。

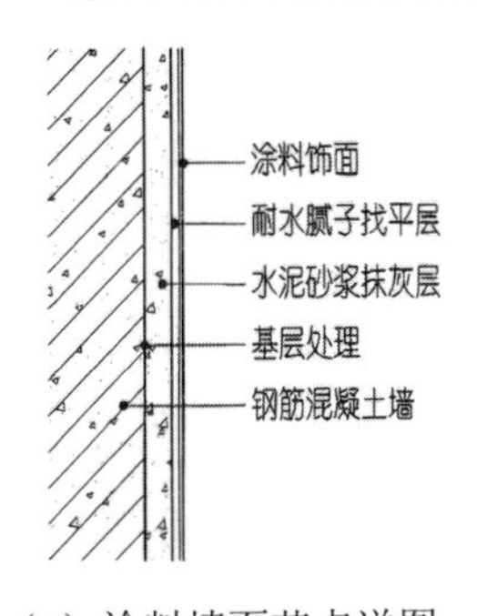

（a）涂料墙面节点详图

（b）涂料墙面节点详图（轻体砌块墙）

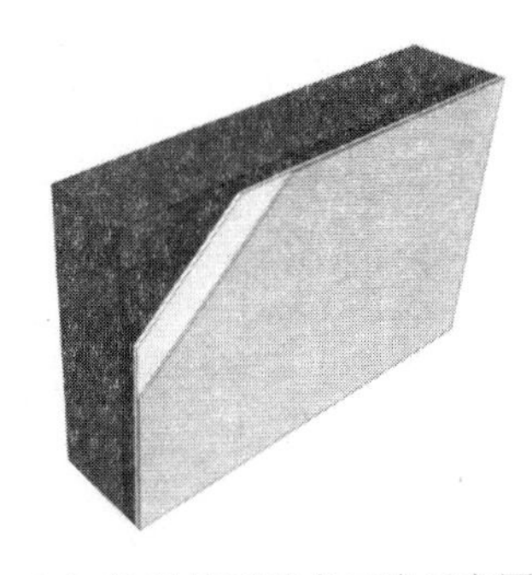

（c）涂料墙面节点三维示意图

图4-7　涂料墙面构造详图

4.3.5　轻钢龙骨隔墙构造详图

轻钢龙骨隔墙构造详图如图4-8所示。

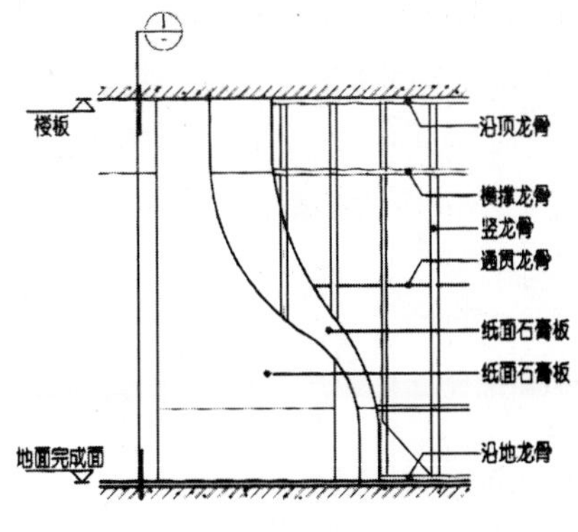

（a）轻钢龙骨隔墙示意图

图4-8　轻钢龙骨隔墙构造详图

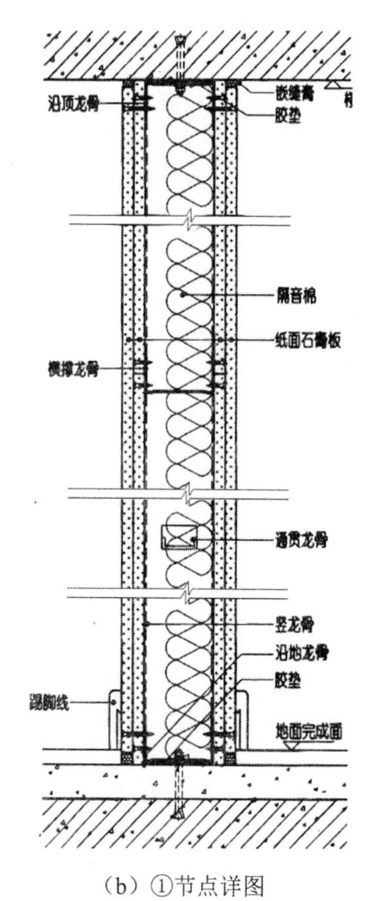

（b）①节点详图

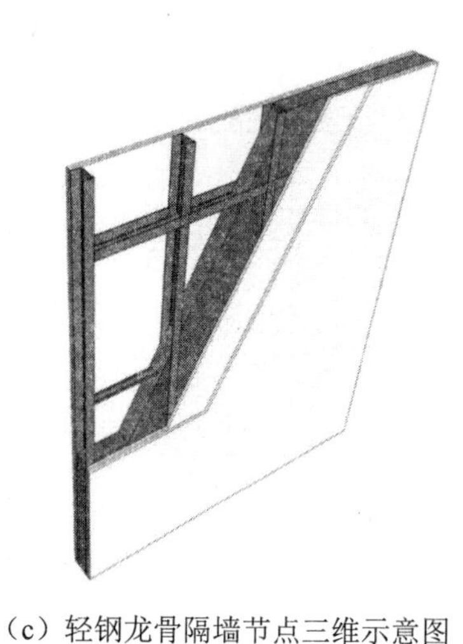

（c）轻钢龙骨隔墙节点三维示意图

图 4-8　轻钢龙骨隔墙构造详图（续）

4.4　吊顶构造详图

吊顶又称悬吊式顶棚，是指悬吊在房屋结构层下的顶棚。其主要功能有遮挡不宜暴露的结构或设备，为空间创造适宜的空间高度，通过饰物、灯光等辅助手段强化室内空间表现力，调节室内声音效果，等等。吊顶包括吊筋、骨架和面层三个部分。面层有活动式和固定式两种，所用的材料多样。本节以矿棉板、铝扣板、铝方通、纸面石膏板为例，介绍吊顶装饰构造节点。

4.4.1　矿棉板吊顶构造详图

矿棉板吊顶构造详图如图 4-9 所示。

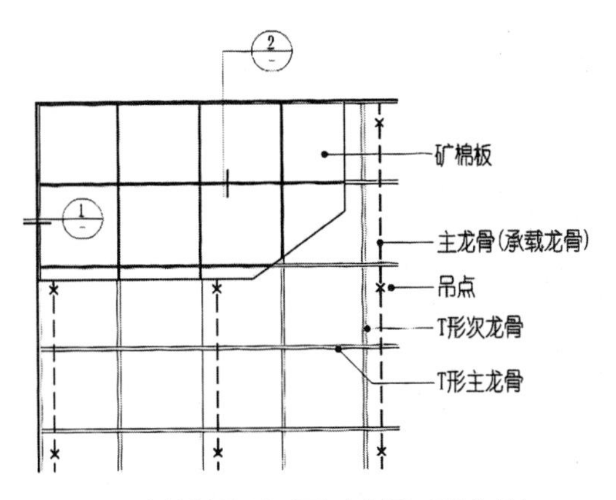

（a）矿棉板吊顶平面示意图（明龙骨）

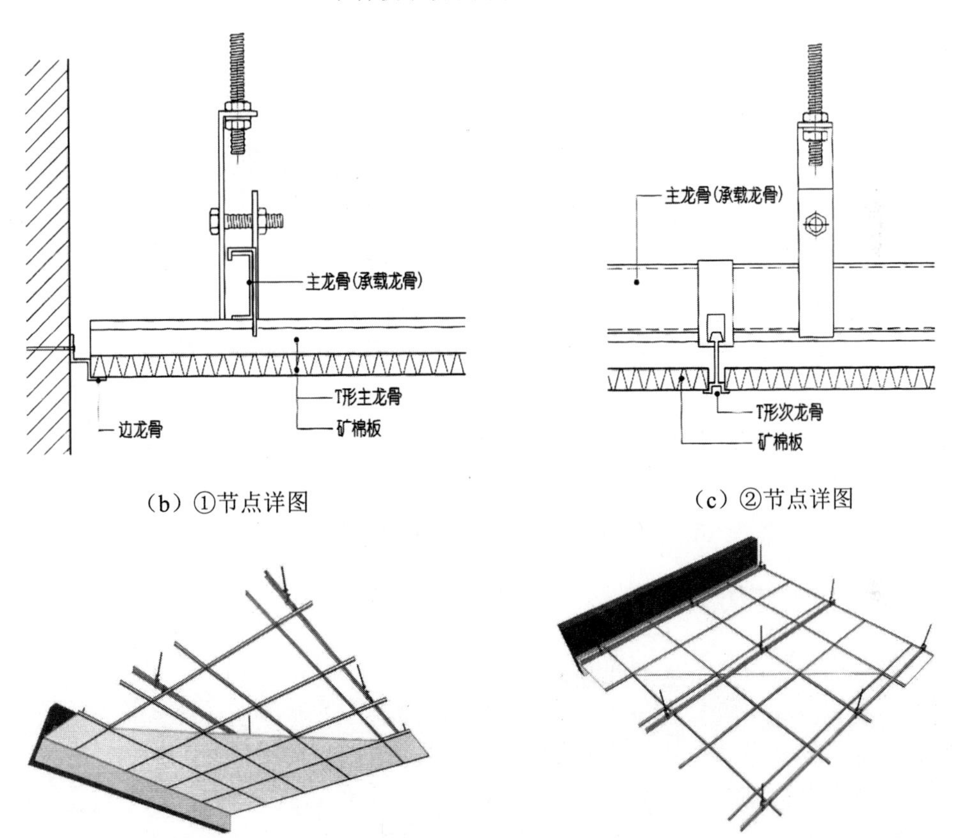

（b）①节点详图

（c）②节点详图

（d）矿棉板吊顶节点三维示意图（明龙骨）1

（e）矿棉板吊顶节点三维示意图（明龙骨）2

图 4-9　矿棉板吊顶构造详图

4.4.2　铝扣板吊顶构造详图

铝扣板吊顶构造详图如图 4-10 所示。

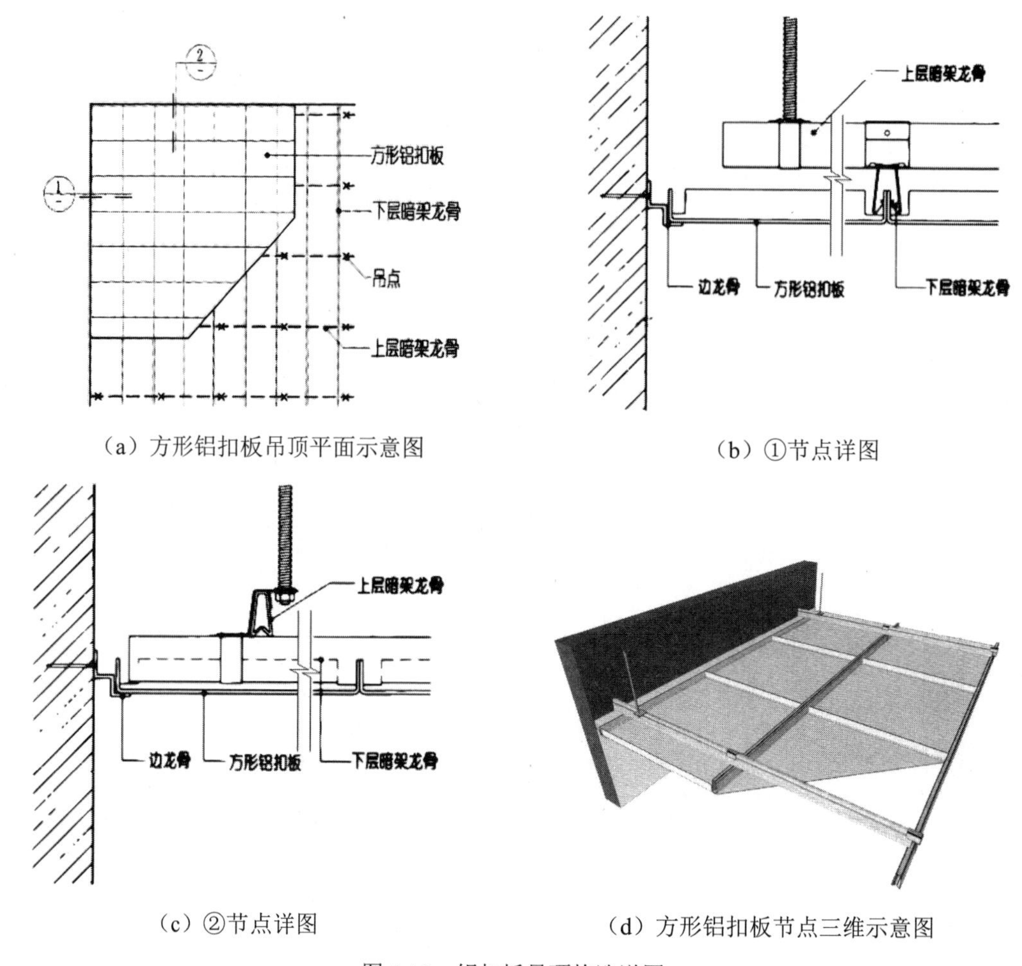

（a）方形铝扣板吊顶平面示意图

（b）①节点详图

（c）②节点详图

（d）方形铝扣板节点三维示意图

图 4-10　铝扣板吊顶构造详图

4.4.3　铝方通吊顶构造详图

铝方通吊顶构造详图如图 4-11 所示。

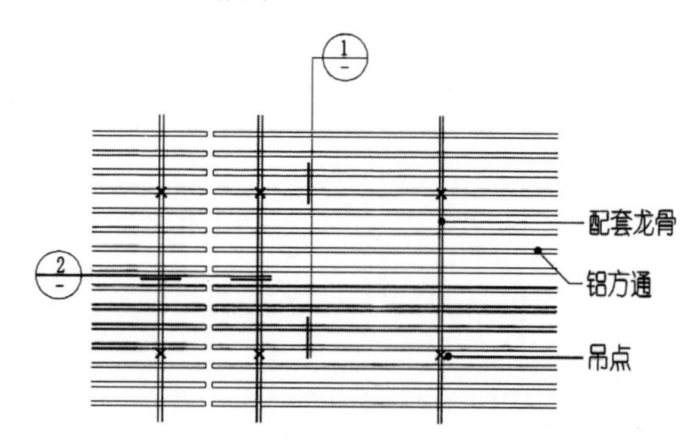

（a）铝方通吊顶平面示意图

图 4-11　铝方通吊顶构造详图

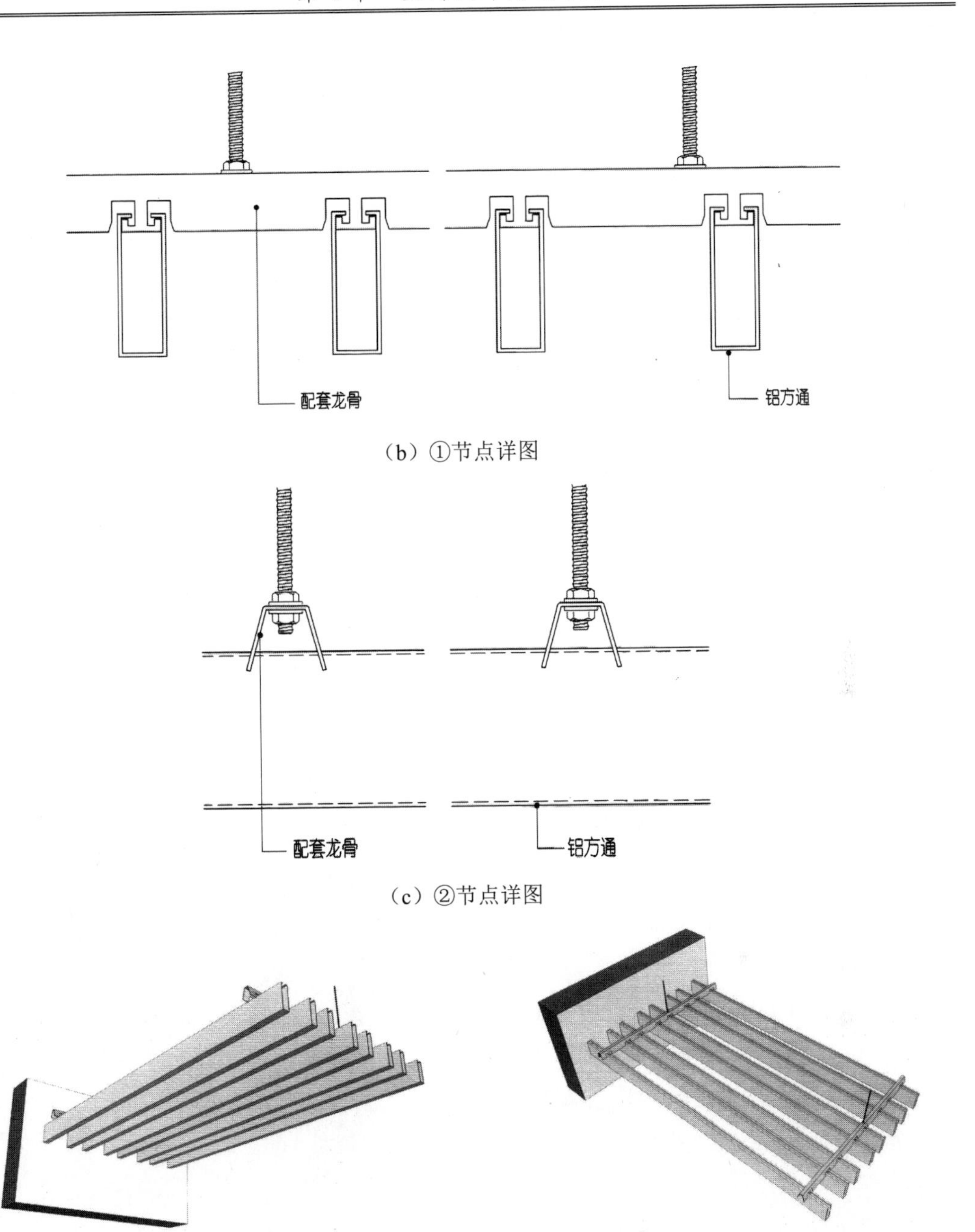

（b）①节点详图

（c）②节点详图

（d）铝方通吊顶节点三维示意图 1

（e）铝方通吊顶节点三维示意图 2

图 4-11　铝方通吊顶构造详图（续）

4.4.4　纸面石膏板吊顶构造详图

纸面石膏板吊顶构造详图如图 4-12 所示。

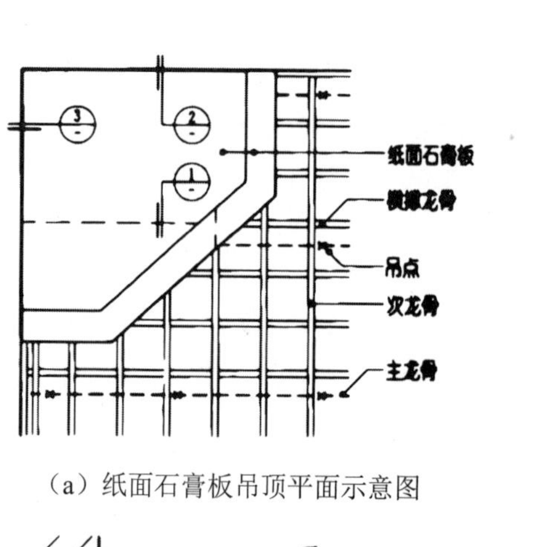

（a）纸面石膏板吊顶平面示意图

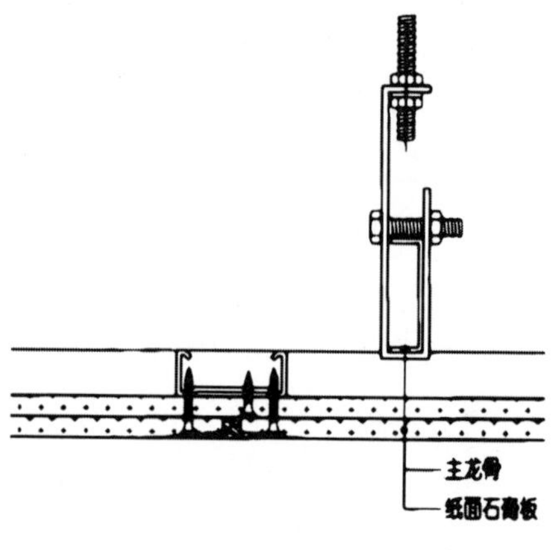

（b）①节点详图

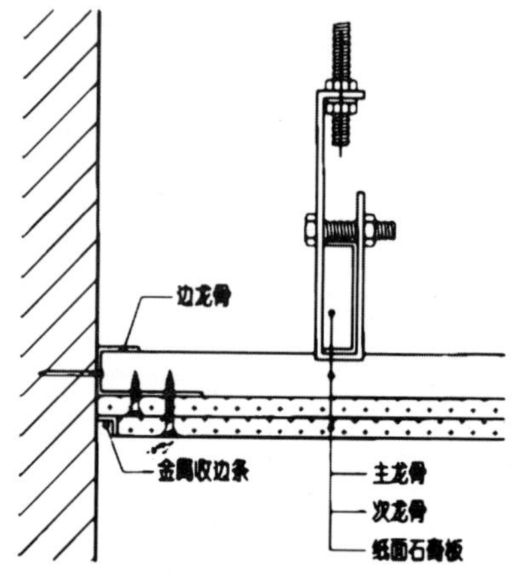

（c）②节点详图

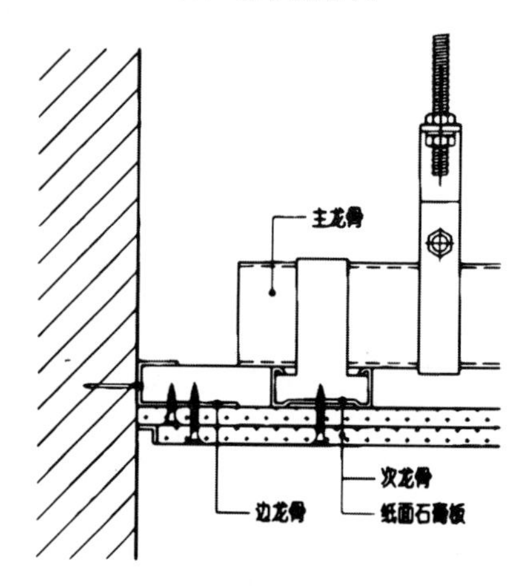

（d）③节点详图

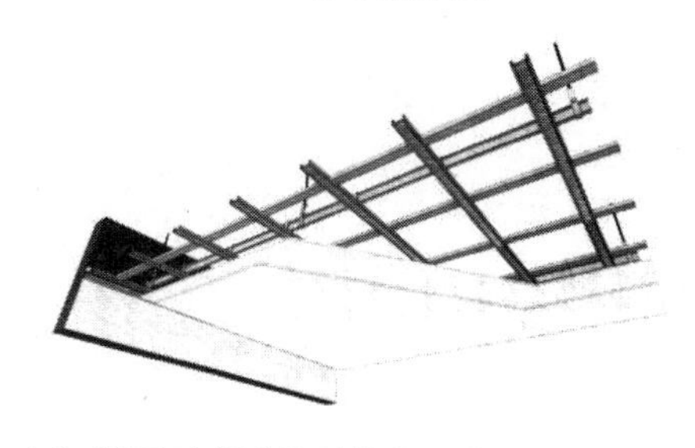

（e）纸面石膏板吊顶节点三维示意图（一）

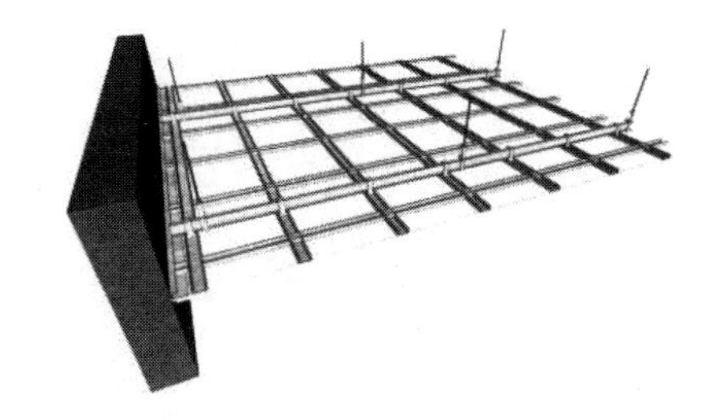

（f）纸面石膏板吊顶节点三维示意图（二）

图 4-12　纸面石膏板吊顶构造详图

本 章 小 结

本章介绍了室内装饰构造与节点详图，从地面、墙面、吊顶这三个部位入手，介绍了不同材料、不同部位的装饰构造详图。通过直观的图示，读者可以深刻理解各种结构、材

料的内容表达和绘制要求。

思考与练习

虚拟一个室内空间，空间类型不限，可以是居住空间、办公空间、展示空间等。根据制图标准，绘制此空间的节点详图。

要求：

（1）绘制地面节点详图。

（2）绘制墙面节点详图。

（3）绘制吊顶节点详图。

第 5 章　景观施工图简介

本章学习提要

了解景观设计的基本要素和图示方法；了解景观施工图中平面图、立面图、剖面图的形成原理、表达内容和绘制方法；掌握景观施工图的阅读技巧。

知识点

- 景观施工常用图例。
- 植物的表现方法。
- 山石的表现方法。
- 地形的表现方法。
- 园路的表现方法。
- 水体的表现方法。
- 景观设计平面图、立面图、剖面图、详图的识读。

重点

景观元素的灵活表达；景观设计总平面图绘制深度表达；剖面图绘制深度表达。

5.1　景观施工常用图例

5.1.1　总平面图例

总平面图例如图 5-1 所示。

序号	名称	图　　例	备　　注
1	新建建筑物	X= Y= ① 12F/2D H=59.00m	新建建筑物以粗实线表示与室外地坪相接处 ±0.00 外墙定位轮廓线 建筑物一般以 ±0.00 高度处的外墙定位轴线交叉点坐标定位。轴线用细实线表示，并标明轴线号 根据不同设计阶段标注建筑编号，地上、地下层数，建筑高度，建筑出入口位置（两种表示方法均可，但同一图纸采用一种表示方法） 地下建筑物以粗虚线表示其轮廓 建筑上部（±0.00 以上）外挑建筑用细实线表示 建筑物上部连廊用细虚线表示并标注位置
2	原有建筑物		用细实线表示
3	计划扩建的预留地或建筑物		用中粗虚线表示
4	拆除的建筑物		用细实线表示
5	建筑物下面的通道		—
6	散状材料露天堆场		需要时可注明材料名称
7	其他材料露天堆场或露天作业场		需要时可注明材料名称
8	铺砌场地		—
9	敞棚或敞廊		—
10	高架式料仓		—

图 5-1　总平面图例

序号	名称	图　例	备　注
11	漏斗式贮仓		左、右图为底卸式 中图为侧卸式
12	冷却塔(池)		应注明冷却塔或冷却池
13	水塔、贮罐		左图为卧式贮罐 右图为水塔或立式贮罐
14	水池、坑槽		也可以不涂黑
15	明溜矿槽(井)		—
16	斜井或平硐		—
17	烟囱		实线为烟囱下部直径，虚线为基础，必要时可注写烟囱高度和上、下口直径
18	围墙及大门		—
19	挡土墙	5.00 1.50	挡土墙根据不同设计阶段的需要标注 墙顶标高 墙底标高
20	挡土墙上设围墙		—
21	台阶及无障碍坡道	1. 2.	1. 表示台阶（级数仅为示意） 2. 表示无障碍坡道
22	露天桥式起重机	G_n=　(t)	起重机起重量 G_n，以吨计算 “+”为柱子位置
23	露天电动葫芦	G_n=　(t)	起重机起重量 G_n，以吨计算 “+”为支架位置
24	门式起重机	G_n=　(t) G_n=　(t)	起重机起重量 G_n，以吨计算 上图表示有外伸臂 下图表示无外伸臂

图 5-1　总平面图例（续）

序号	名称	图　例	备　注
25	架空索道		“Ⅰ”为支架位置
26	斜坡 卷扬机道		—
27	斜坡栈桥 （皮带廊等）		细实线表示支架中心线位置
28	坐标	1. X=105.00 Y=425.00 2. A=105.00 B=425.00	1. 表示地形测量坐标系 2. 表示自设坐标系 坐标数字平行于建筑标注
29	方格网 交叉点标高	−0.50 77.85 78.35	“78.35”为原地面标高 “77.85”为设计标高 “−0.50”为施工高度 “−”表示挖方（“+”表示填方）
30	填方区、 挖方区、 未整平区 及零线	+ − + −	“+”表示填方区 “−”表示挖方区 中间为未整平区 点画线为零点线
31	填挖边坡		—
32	分水脊线 与谷线		上图表示脊线 下图表示谷线
33	洪水淹没线		洪水最高水位以文字标注
34	地表 排水方向		—
35	截水沟	1 40.00	“1”表示 1%的沟底纵向坡度，“40.00”表示变坡点间距离，箭头表示水流方向
36	排水明沟	107.50 + 1 40.00 107.50 + 1 40.00	上图用于比例较大的图面 下图用于比例较小的图面 “1”表示 1%的沟底纵向坡度，“40.00”表示变坡点间距离，箭头表示水流方向 “107.50”表示沟底变坡点标高（变坡点以“+”表示）

图 5-1　总平面图例（续）

序号	名称	图　例	备　注
37	有盖板的排水沟	1/40.00	—
38	雨水口	1. 2. 3.	1. 雨水口 2. 原有雨水口 3. 双落式雨水口
39	消火栓井		
40	急流槽		箭头表示水流方向
41	跌水		
42	拦水(闸)坝		—
43	透水路堤		边坡较长时，可在一端或两端局部表示
44	过水路面		—
45	室内地坪标高	151.00 (±0.00)	数字平行于建筑物书写
46	室外地坪标高	143.00	室外标高也可采用等高线
47	盲道		—
48	地下车库入口		机动车停车场
49	地面露天停车场		—
50	露天机械停车场		露天机械停车场

图 5-1　总平面图例（续）

5.1.2　道路与铁路图例

道路与铁路图例如图 5-2 所示。

序号	名称	图　　例	备　　注
1	新建的道路	0.30% 100.00 R=6.00 107.50	“R＝6.00”表示道路转弯半径；“107.50”为道路中心线交叉点设计标高，两种表示方式均可，同一图纸采用一种方式表示；“100.00”为变坡点之间的距离，“0.30％”表示道路坡度，——►表示坡向
2	道路断面	1. 2. 3. 4.	1. 为双坡立道牙 2. 为单坡立道牙 3. 为双坡平道牙 4. 为单坡平道牙
3	原有道路		—
4	计划扩建的道路		—
5	拆除的道路		—
6	人行道		—
7	道路曲线段	JD R α=95° R=50.00 T=60.00 L=105.00	主干道宜标注以下内容： JD 为曲线转折点，编号应标坐标 α 为角度 T 为切线长 L 为曲线长 R 为中心线转弯半径 其他道路可标转折点、坐标及半径
8	道路隧道		—

图 5-2　道路与铁路图例

序号	名称	图　　例	备　　注
9	汽车衡		—
10	汽车洗车台		上图为贯通式 下图为尽头式
11	运煤走廊		—
12	新建的标准轨距铁路		—
13	原有的标准轨距铁路		—
14	计划扩建的标准轨距铁路		—
15	拆除的标准轨距铁路		—
16	原有的窄轨铁路	GJ762	—
17	拆除的窄轨铁路	GJ762	“GJ762”为轨距（以mm计）
18	新建的标准轨距电气铁路		—
19	原有的标准轨距电气铁路		—
20	计划扩建的标准轨距电气铁路		—
21	拆除的标准轨距电气铁路		—
22	原有车站		—
23	拆除原有车站		—

图 5-2　道路与铁路图例（续）

序号	名称	图　例	备　注
24	新设计车站		—
25	规划的车站		—
26	工矿企业车站		—
27	单开道岔	n	“1/n”表示道岔号数 n 表示道岔号
28	单式对称道岔	n	
29	单式交分道岔	1/n 3	
30	复式交分道岔	n	
31	交叉渡线	n n n n	—
32	菱形交叉		
33	车挡		上图为土堆式 下图为非土堆式
34	警冲标		—
35	坡度标	GD112.00 6 8 110.00 180.00 56 44	“GD112.00”为轨顶标高，“6”“8”表示纵向坡度为 6‰、8‰，倾斜方向表示坡向，“110.00”、“180.00”为变坡点间距离，“56”“44”为至前后百尺标距离
36	铁路曲线段	JD2 α–R–T–L	JD2 为曲线转折点编号，α 为曲线转向角，R 为曲线半径，T 为切线长，L 为曲线长
37	轨道衡		粗线表示铁路
38	站台		—

图 5-2　道路与铁路图例（续）

序号	名称	图　例	备　注
39	煤台		粗线表示铁路
40	灰坑或检查坑		
41	转盘		
42	高柱色灯信号机	(1)　(2)　(3)	(1)表示出站、预告 (2)表示进站 (3)表示驼峰及复式信号
43	矮柱色灯信号机		—
44	灯塔		左图为钢筋混凝土灯塔 中图为木灯塔 右图为铁灯塔
45	灯桥		—
46	铁路隧道		—
47	涵洞、涵管		上图为道路涵洞、涵管，下图为铁路涵洞、涵管 左图用于比例较大的图面，右图用于比例较小的图面
48	桥梁		用于旱桥时应注明 上图为公路桥，下图为铁路桥
49	跨线桥		道路跨铁路
			铁路跨道路
			道路跨道路
			铁路跨铁路

图 5-2　道路与铁路图例（续）

序号	名称	图　　例	备　　注
50	码头	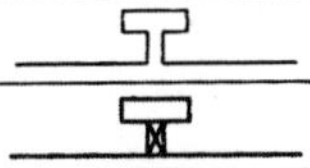	上图为固定码头 下图为浮动码头
51	运行的发电站		—
52	规划的发电站	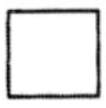	—
53	规划的变电站、配电所	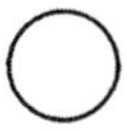	—
54	运行的变电站、配电所		—

图 5-2　道路与铁路图例（续）

5.1.3　管线图例

管线图例如图 5-3 所示。

序号	名称	图　　例	备　　注
1	管线	——代号——	管线代号按国家现行有关标准的规定标注 线型宜以中粗线表示
2	地沟管线	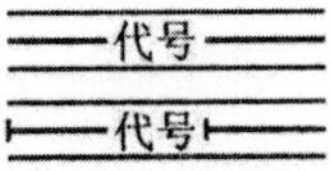 代号 代号	—
3	管桥管线	—+—代号—+—	管线代号按国家现行有关标准的规定标注
4	架空电力、电信线	—○—代号—○—	“○”表示电杆 管线代号按国家现行有关标准的规定标注

图 5-3　管线图例

5.1.4　景观设计绿化图例

景观设计绿化图例如图 5-4 所示。

序号	名称	图　例	备　注
1	常绿针叶乔木		—
2	落叶针叶乔木		—
3	常绿阔叶乔木		—
4	落叶阔叶乔木		—
5	常绿阔叶灌木		—
6	落叶阔叶灌木		—
7	落叶阔叶乔木林		—
8	常绿阔叶乔木林		—
9	常绿针叶乔木林		—
10	落叶针叶乔木林		—
11	针阔混交林		—
12	落叶灌木林		
13	整形绿篱		—
14	草坪	1. 2. 3.	1. 草坪 2. 表示自然草坪 3. 表示人工草坪

图 5-4　园林景观绿化图例

序号	名称	图　例	备　注
15	花卉		—
16	竹丛		—
17	棕榈植物		—
18	水生植物		—
19	植草砖		—
20	土石假山		包括“土包石”、“石包土”及假山
21	独立景石		—
22	自然水体		以箭头表示水流方向
23	人工水体		
24	喷泉		—

图 5-4　园林景观绿化图例（续）

5.2　植物的表现方法

景观设计是对建筑外部空间的环境设计，是环境设计的重要组成部分。植物是景观设计中重要的构成元素之一，也是景观设计中应用最多的造园要素。植物不仅具有独立的景观形象，还可起到烘托其他造景元素、突出景观意境的作用。

景观植物包含很多种类，一般分为乔木、灌木、攀缘植物、竹类、花卉、绿篱和地被植物七大类。由于植物种类繁多、形态各异，所以其在景观施工图中的表达方式也非常多。但一般都是根据不同植物种类的特点，抽象其本质，形成一系列常用的图例（见图 5-5）。

图 5-5　景观植物表现的基本笔法

5.2.1　植物的平面表示方法

植物的平面图是指植物的水平投影图，通常用图例的方式来表达。

1．乔木的平面表示方法

1）常用表示方法

用圆圈表示树冠的形状和大小，用圆形的实心点表示树干的位置及树干的粗细，如图 5-6 所示。树冠的大小应根据树龄按比例画出。成龄树的树冠大小根据树种不同而不同，孤植高乔木的树冠径为 10～15m，高大乔木的树冠径为 5～10m，中小乔木的树冠径为 3～7m，常绿乔木的树冠径为 4～8m。

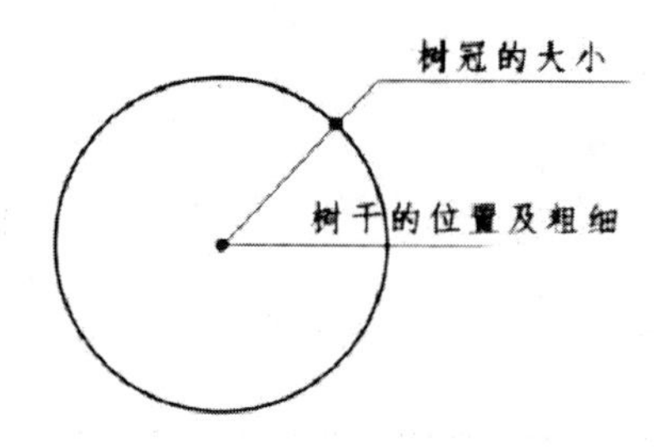

图 5-6　树木的平面表示

2）树冠的形状

乔木按照树叶形态分为针叶树和阔叶树，按照生长情况分为常绿树和落叶树。为了能够更加清晰明显地区分平面中的不同树种，常用不同的线型表达不同的树种。

针叶树的树冠用针刺状的线条表示，若为常绿针叶树，在圈内加画平行的 45°斜线（见图 5-7）。阔叶树的树冠一般用弧线或波浪线表示，且常绿阔叶树会标出浓密的叶子，或者在树冠内部加画平行的斜线，落叶阔叶树的平面一般用枯枝的形式表现（见图 5-8）。

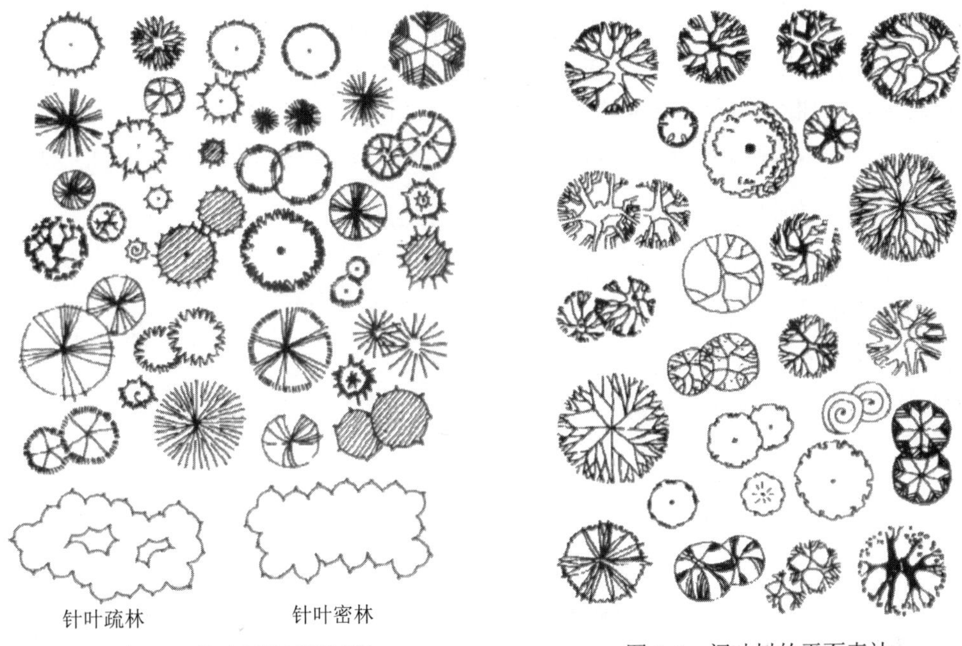

图 5-7　针叶树的平面表达　　　　图 5-8　阔叶树的平面表达

3）乔木的四种平面表现手法

（1）轮廓型的乔木在平面表达中只需用线条勾画出树冠的外轮廓，线型可细可粗，依据枝叶形态的不同，也可呈现尖突或缺口的形状。

（2）分枝型的乔木在平面中只用线条的组合表示树枝或枝干的分叉。

（3）枝叶型的乔木在平面中既表示分枝，也表示冠叶；树冠可以用轮廓来表示，也可以用质感来表示。这种类型可以看成是其他几种类型的组合。

（4）质感型的乔木在平面中用线条的组合或排列来表示树冠的质感（见图 5-9）。

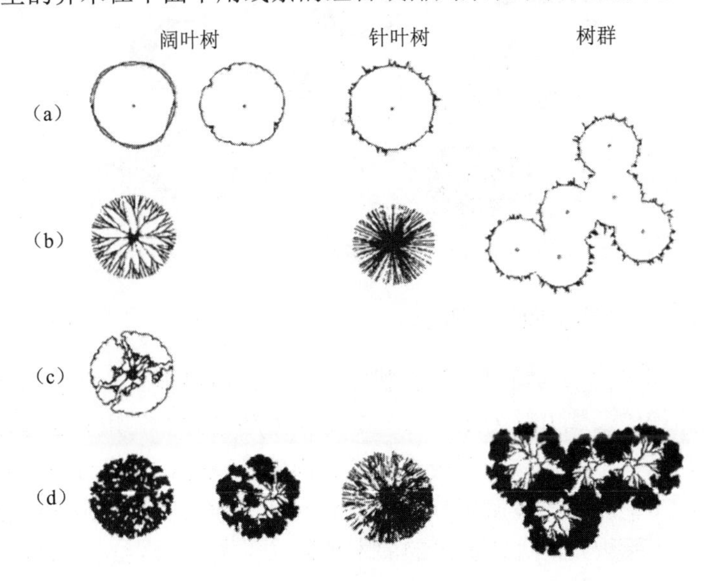

图 5-9　乔木的四种平面表现手法

当乔木的表达由线条和色彩共同呈现时，图样会更有辨识度与表现力。总之，树木平面表达方法没有严格的统一规范，在实际绘图时，可以根据实际需求创作出新的画法。

当表示相同树种的乔木相连时，应分清主次，相互避让，使图块形成一个整体（见图 5-10）。当表示成群的树木时，可连成一片，只勾勒边缘线即可（见图 5-11）。

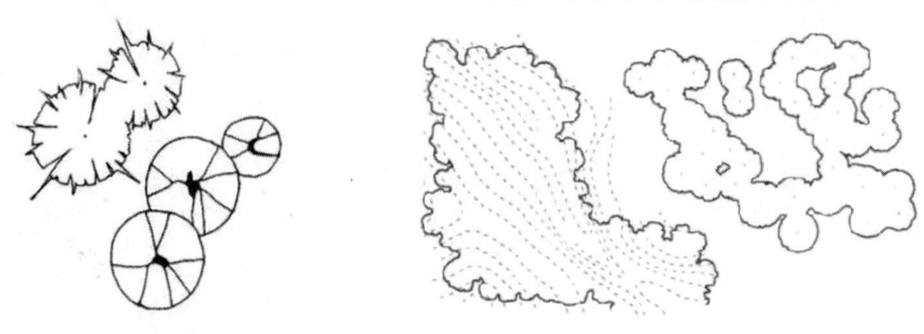

图 5-10　相同树种的乔木相连的平面表达　　图 5-11　大片树木的平面表达

4）乔木在平面图中的投影画法

绘制乔木在平面图中的投影能够在视觉上增加图面的对比效果，使得平面图更加生动。乔木的地面投影与乔木的冠形、地面的条件及光线的角度有关，在景观设计图中采用落影圆表示（见图 5-12），投影形状依据树形产生变化；树冠的形状和大小应对应实际种植树木的形态与冠径。

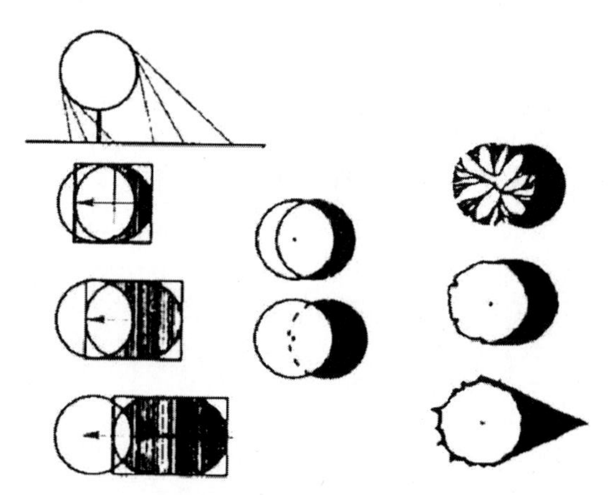

图 5-12　用落影圆表示树木阴影

2. 灌木、地被植物的平面表示方法

灌木是指没有明显主干的植物，生长状态呈丛生，所以很少会和乔木相混淆。灌木平面图一般以勾勒边缘的表现方法为主，即轮廓型（见图 5-13），用轮廓型表示的灌木丛一般采用自然式栽植法，平面形状大多呈不规则的曲线。此外，还有分枝型和质感型，用这两种方法表示的灌木和绿篱大多会进行适当修剪，平面形状多为规则的或不规则但平滑的图形。分枝型只可表示规则的、修剪过的灌木平面（见图 5-13）。

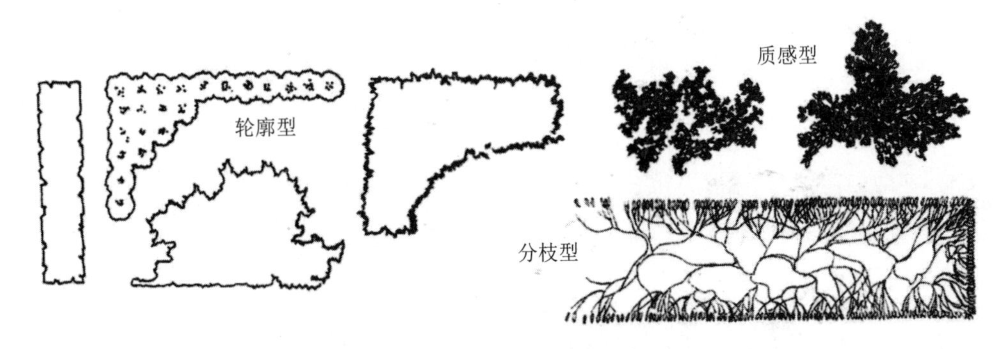

图 5-13　灌木的平面表达

地被植物较灌木丛矮，其平面可用轮廓型和质感型两种表示方法，沿着地被植物种植的范围，将边界轮廓表达出来即可。以常见的绿篱为例，它从生态习性上可以划分为常绿和落叶两种，从形式上可以分为双层和单层两种，从树种上可以分为针叶和阔叶两种，从造型上可以分为规则式和自然式两种（见图 5-14）。

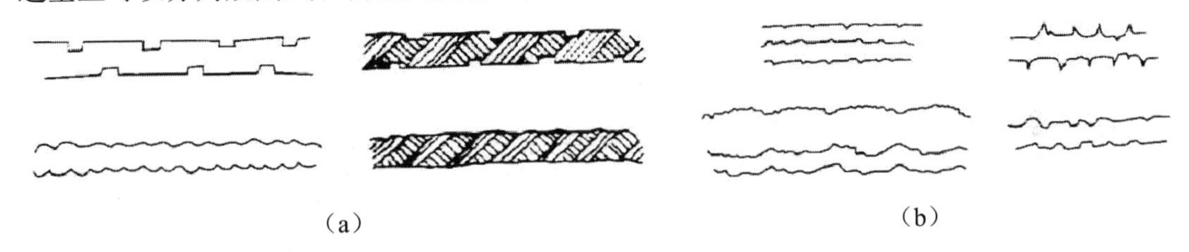

图 5-14　规则式与自然式绿篱的平面表达

3. 草坪、草地的平面表示方法

草坪和草地的表示方法主要有三种：打点法、小短线法和线段排列法。

1）打点法

打点法是较为常见且简易的一种表示方法，即用打点的形式表示草坪，其特点是点在草坪轮廓线上较为密集，远离轮廓线处较为稀疏，点的大小基本一致且均匀，如图 5-15（a）所示。

2）小短线法

采用小短线法时需在绘图之前先打底稿，保证线条能够按照一定的需求进行排列。若绘制的短线每行之间的距离相近、排列整齐，则表示草坪是被精细管理的，如图 5-15（b）所示；若短线不规则，则表示草地是被粗放管理的，如图 5-15（c）所示，地形的起伏也可用短线法表示说明。

3）线段排列法

线段排列法是目前最常用的表示草坪的方法，其绘制要点是需要将线段排列整齐，作图表示方法较多，归纳为以下四种：线段每行之间存在部分不连贯的重叠，如图 5-15（d）所示；线段或行与行之间做留白处理，如图 5-15（e）和图 5-15（f）所示；采用规则或不规则的斜线段表示草坪，如图 5-15（g）和图 5-15（h）所示；采用乱线法或 m 形线条法表示草坪，如图 5-15（i）和图 5-15（j）所示。

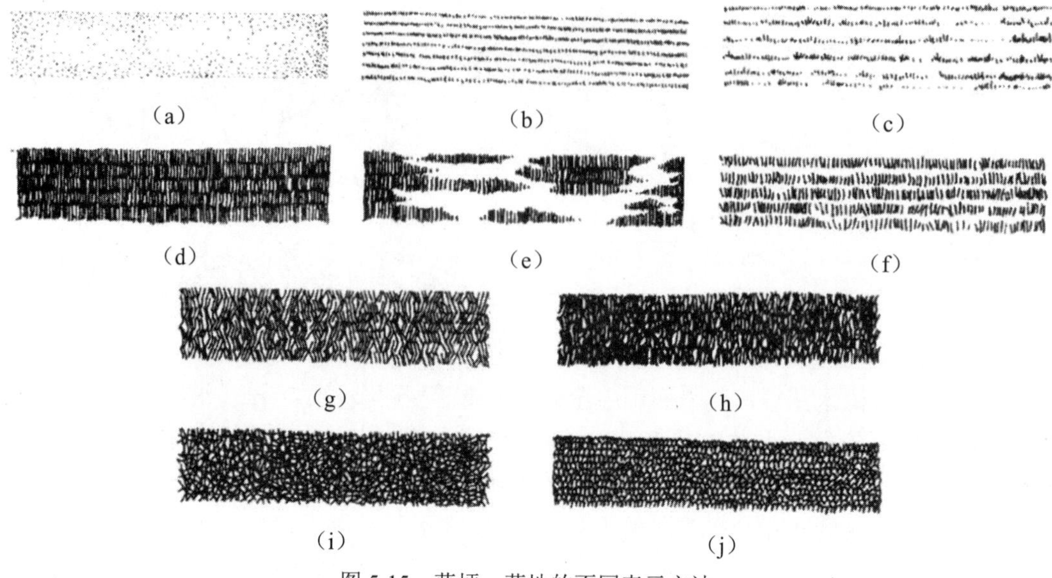

图 5-15　草坪、草地的不同表示方法

5.2.2　植物的立面表示方法

1. 乔木的立面画法

在景观施工图中，乔木的立面画法比平面画法复杂许多。自然界中，乔木的种类繁多、形态不一，其立面图不似写生般完全记录树的各个细节，而是采取省略细节、高度概括的方式，把握树形轮廓，画出树的姿态，找准树的特色，夸大叶的形态。

1）乔木立面的表现风格

自然界中的树木千姿百态，各具特色。各种树木的枝、干、冠构成以及分枝习性决定了各自的形态和特征。乔木的立面表示方法可以分为轮廓型、分枝型和质感型，但其界限的划分并不十分严格。

树木的立面表现有三种形式：写实、图案和抽象变形。写实的表现形式比较尊重树木的自然形态，整体刻画得细致且逼真。图案的表现形式抓住树木的特征并加以概括，线条的画法组织非常程式化。抽象变形的表现形式虽然也较程式化，但其加入了大量抽象、扭曲和变形的手法，使画面别具一格（见图 5-16）。

（a）写实法

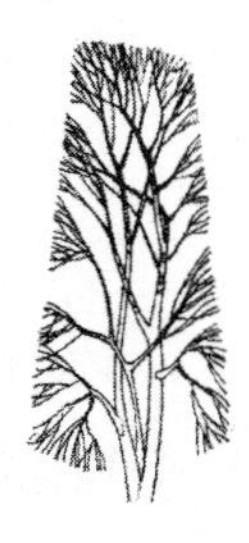

（b）图案法

（c）抽象法

图 5-16　树木的立面表现形式

2）乔木的枝干和纹理

乔木应该绘制框架，而枝干就是构成乔木形状的框架。当绘制枝干时，应以形态结构清晰的落叶乔木为模板，在绘制时注意树木的分支习性，以及枝干的粗细安排，要做到整体均衡、疏密有致。绘制结果力求做到主次清晰，即主枝（或粗枝）与细枝布局合理，树形开合曲直得当，形态生动（见图 5-17 和图 5-18）。

图 5-17　小枝及分支的组合

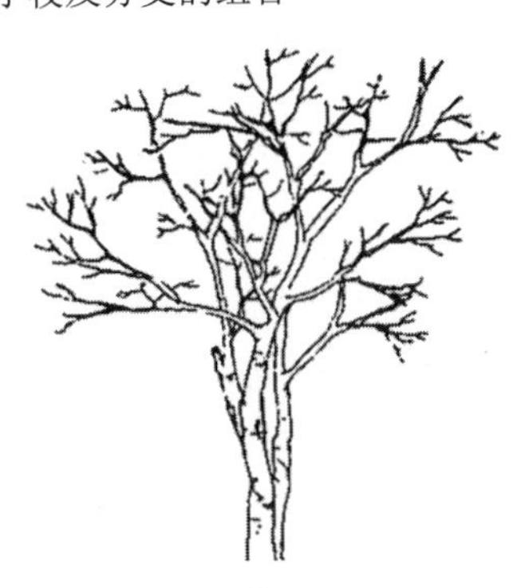

图 5-18　树木分支画法实例

当所绘制的乔木树干较粗时，可采用线条表现明暗和质感，不同质感的树皮采用的线条不同，纤细的线条可用来表示光滑的树皮，而粗放的线条则用来表示粗糙的树皮。也可增添树干表面的结节和裂纹来丰富树干的质感。自然界中不同的树种，其树皮裂纹的质感也不尽相同，例如悬铃木呈大片状，柿树呈小块状，白桦呈横纹状等。此外，还需要考虑树干在室外环境中的受光情况，描绘出光影的明暗分布，将树干的光斑与投影表现出来。

3）乔木树冠的形状和质感

乔木树冠的形状和质感取决于树木的分枝及树叶的多少。当树枝稀疏、叶片短小时，树冠的体积感较弱；当枝繁叶茂时，树冠的团块体积感强。树冠的质感可以用短线排列、叶形组合或乱线组合法表现。松柏类的针叶树通常用短线法来表示，阔叶树通常采用叶形和乱线组合法。总之，要根据树木的种类、枝叶的特征来选择不同的表现手法。

4）不同形态特征的乔木画法

乔木的立面形状由树冠和树干组成。树干的画法相对简单，由树的高矮、粗细、分枝等情况决定。而真正凸显树种之间外形差异的特征是树冠，树冠的形状较为复杂，可以概括为尖塔形、圆锥形、圆柱形、伞形、圆球形、垂枝形等（见图 5-19）。

图 5-19　乔木的不同形态

2. 乔木平面与立面的统一

乔木在平面图、立面图及剖面图中表示的方法、手法与风格应相同，并且需要保证乔木的平面冠径与立面的冠幅相等，平面图与立面图相对应，绘制时树干的位置应位于树冠的圆心（见图 5-20）。

3. 乔木的透视画法

绘制乔木的透视图时，首先需要观察它的外形及特征，把树木当成一个整体，把握树的体积感。透视图不仅要表现正面的形态，还要表现侧面的枝叶。大自然中的树木枝干是向四周生长的，枝干之间存在着前后穿插的透视关系，所以在绘图时需要表现出树的立体感。乔木树干的类型有很多，有的主干明显，有的树枝呈放射状排列，有的由上而下逐渐分叉。绘制透视图时需要仔细观察不同树种之间枝干结构的区别，同时需要注意枝干结构的空间感，因为树是立体的，只有将树整体的空间层次画出来，树的立体感才会更强。

树叶的概括也是树木透视画法的重点，若想表达出乔木的体积感，就需要借鉴投影画法。一株枝繁叶茂的树在阳光的照射下，树冠显示出明暗差别，迎着阳光的一面亮，背光的一面暗，而里层的枝叶完全处于阴影中，所以最暗，按照这种明暗规律来绘制树的透视图，才会更有层次感与体积感（见图 5-21）。

图 5-20　乔木平面与立面的统一

图 5-21　乔木明暗关系图

4. 绿篱的立面画法及透视画法

绿篱的平面图、立面图与透视图在视线变化方面存在着内在联系，这里所讨论的是修整得较为规整的绿篱。绿篱的立面画法如图 5-22 所示，透视画法如图 5-23 所示。

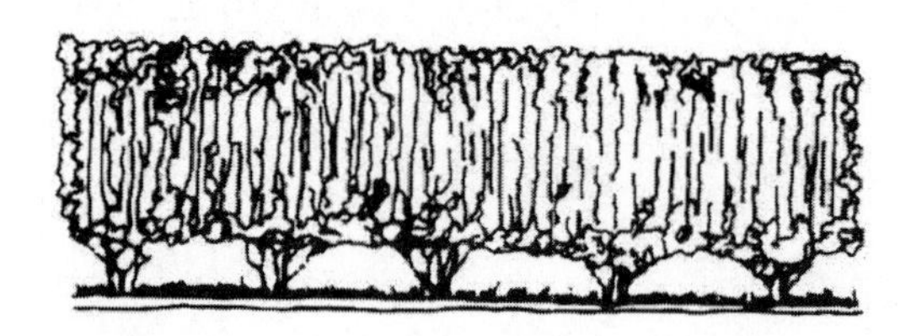

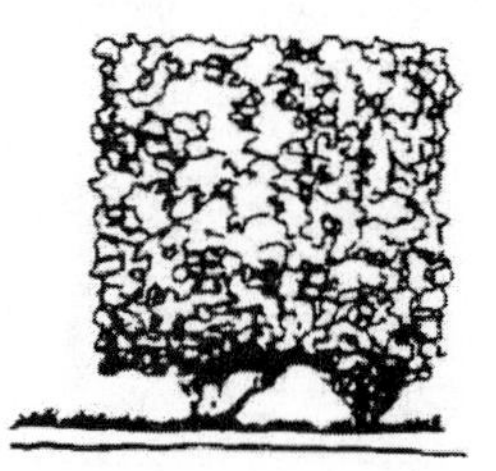

图 5-22　绿篱立面图

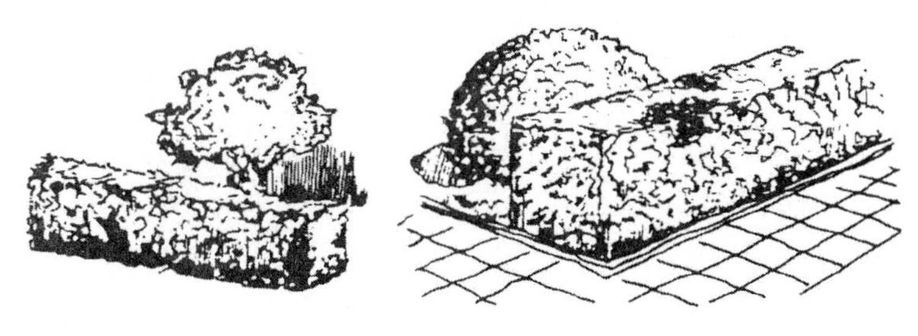

图 5-23　绿篱透视图

5.3　山石的表现方法

5.3.1　山石概述

我国山水园林中的置石掇山之法，早在西汉初期就有史料记载，后经东汉到三国时期，造山技术不断发展，直至唐、宋两朝，经过古代文人和匠人的不断努力，从理论到实践都积累了丰富的经验。我国园林中的假山是具有高度艺术性的建筑科目之一，是中国古代园林不可或缺的组成部分。

在现代园林设计和景观设计中，山石作为景观小品，是景观设计中的重要元素，得到了广泛的运用。人们通常称呼的假山包括置石和掇山两个部分，置石是以山石为材料进行独立性或附属性的造景布置；而掇山的体量相对较大，可观赏、可游览，让人有置身山林的感受。

山石的作用主要有以下几个方面：作为自然山水园的主景和地形骨架；作为园林划分空间和组合空间的手段；作为点缀园林空间和陪衬建筑物、植物的手段；作为驳岸、挡土墙、护坡和花台等；作为室内外自然式的家具或器设。

山石的材质不同，相对应的外形轮廓和表面纹理也不一样。平面图和立面图中的山石通常用线条勾勒轮廓，很少采用质感的方法来表现。用线条勾勒轮廓时，轮廓线要用粗实线，石头的纹理要用细实线。石块剖面的轮廓线要用剖断线，轮廓线内可加上斜纹线，体现石块的体积感。不同的石块形态各异，有的圆润光滑，有的棱角分明，在表现时笔触也应该有所区别（见图 5-24）。

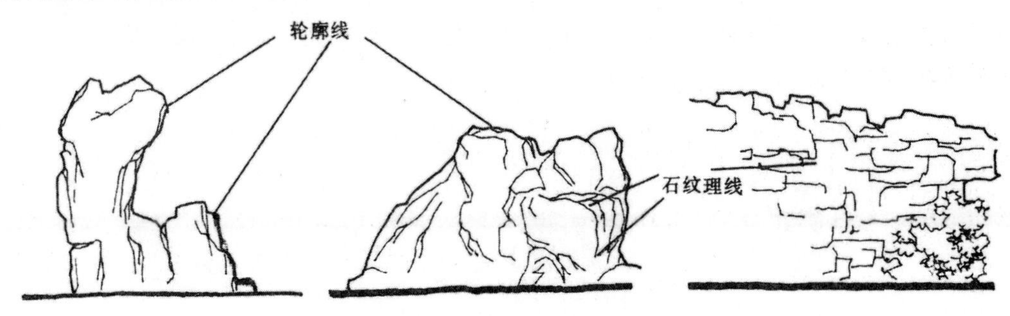

（a）立面石块的画法

图 5-24　山石的平面、立面、剖面的表现

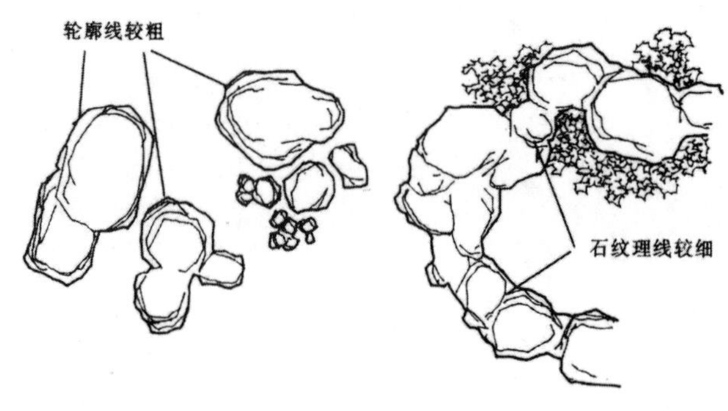

（b）平面石块的画法

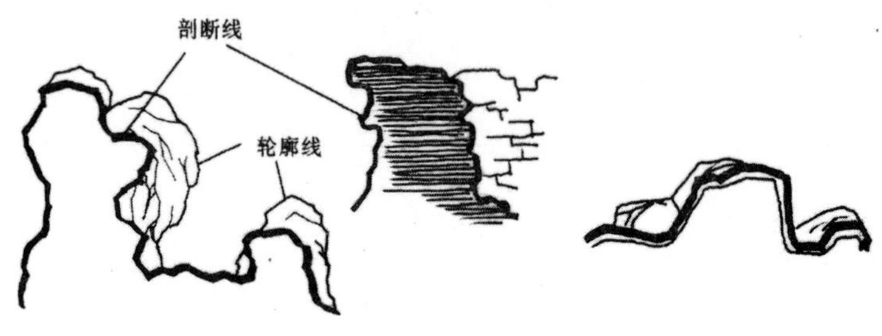

（c）剖面石块的画法

图 5-24　山石的平面、立面、剖面的表现（续）

5.3.2　不同种类山石的表现方法

我国幅员辽阔、地质变化万千，这为掇山提供了优越的物质条件。园林景观中，山石的种类非常丰富。常用的山石主要有太湖石、黄石、青石、石笋和卵石等类型。不同质地的山石，其纹理不同，表现方法也不同。在绘图时，应抓住其基本特征并加以强调，还要注意与平面图的一致性。下面介绍一些园林景观中常用的假山、置石材料的特征及表现方法。

1. 太湖石

太湖石因主产于太湖一带而得名，是江南园林中运用最普遍的一种石块，在历史上开发得也比较早。太湖石是由石灰岩风化溶蚀而成的，质地坚而脆。由于风浪或地下水的作用，石块表面有很多沟缝和洞穴，优质的太湖石有着变化丰富的洞穴，并且疏密相通，有玲珑剔透的观感。太湖石的特点为瘦、皱、漏、透，多用曲线表现其外形的自然曲折，并刻画内部纹理的起伏变化（见图 5-25）。

太湖石

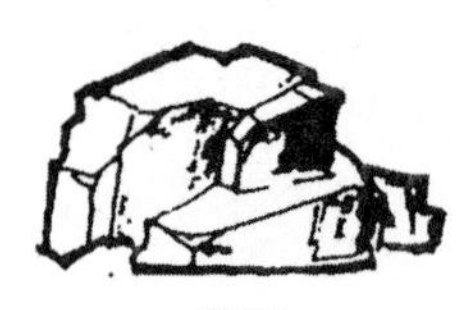

黄石

青石

图 5-25　不同种类山石的表现方法

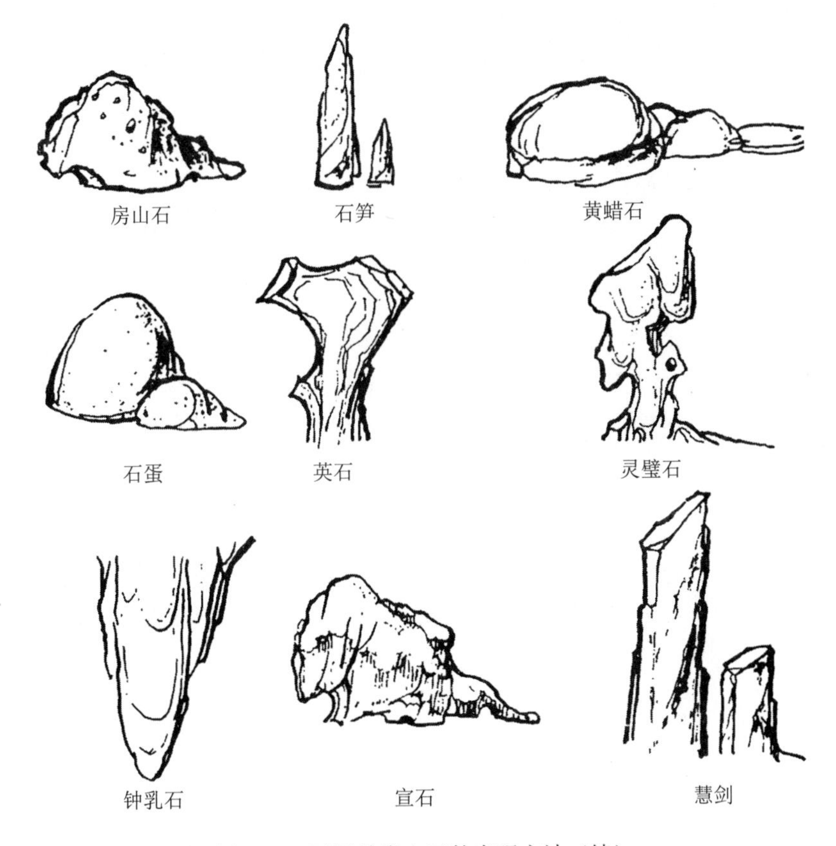

图 5-25　不同种类山石的表现方法（续）

2．黄石

黄石是细沙岩受气候风化溶蚀而成的，其产地很多，以常熟市虞山的自然景观最为著名，苏州、常州、镇江等地也有产出，上海豫园的大假山、苏州耦园的假山和扬州个园的秋山都是黄石假山的杰作。黄石体型敦厚、棱角分明、纹理平直、立体感强、块钝而棱锐，有着强烈的光影效果，其平面图与立面图多用直线和折线表现外轮廓，并用粗实线绘制，石块表面的纹理应平直且细。

3．青石

青石是一种青灰色片状的细砂岩，故有“青云片”之称，在北京的园林中应用较多，北京圆明园“武陵春色”的桃花洞、颐和园后湖某些局部造景也采用青石造山。青石的表面纹理不如黄石规整，存在相互垂直或交叉互织的斜纹，绘制时多采用细线型，多用直线和折线表示，但轮廓线仍然用粗实线。

4．房山石

房山石因产于北京房山大灰厂一带的山上而得名，新开采的房山石呈土红色或橘黄色，在空气中暴露时间过长后表面会呈现灰黑色。因为房山石与太湖石相似，故又称北太湖石，虽然其质地不如江南的太湖石脆，但有一定的韧性。除了颜色与太湖石有明显区别外，其容重也比太湖石大，且有很多密集的蜂窝状小孔洞，但是没有大洞。太湖石外观轻巧、玲珑清秀，而房山石的外观浑厚雄壮，两者之间有明显差别。

5. 石笋

石笋的外形修长如竹笋，这类山石的产地很多。石笋常用于独立小景布置，常见的石笋有白果笋、乌炭笋、慧剑及钟乳石笋。绘制时应该用细线表现垂直纹理，也可用曲线表示。

6. 英石

英石属于石灰岩，产于广东省英德市，是我国岭南园林中特有的山石，也常见于粤中庭院。英石形状瘦骨铮铮，多有棱角，质地坚硬且脆，用手指弹扣有较大的共鸣声，多为中小形体，常用于山石小景。英石的颜色多为青灰色，故又称“灰英”，也有白英、浅绿英和黑英，但是都较为罕见。

7. 灵璧石

灵璧石产于安徽省灵璧县，其质地较脆，用手弹石块会有共鸣声，石块形态有坳坎变化，常用于山石小品或作为盆景石玩。灵璧石掇成的山石小品多有宛转回折之势。

8. 卵石

卵石体态圆润，表面光滑，因长期受水流冲刷而没有棱角。卵石轮廓线多用曲线表示，表面可用细曲线加以修饰。

5.4 地形的表现方法

5.4.1 地形概述

地形即地表的外观，包括大地形、小地形和微地形。大地形复杂多样，一般在规划类的大型风景区中有所涉及，如高原、山岭、平原、丘陵、盆地等；小地形一般是就景观、园林范围而言的，包括平地、台阶、挡土墙、台地、下沉空间、坡道等；微地形是起伏最小的地形，包括道路边石块大小质地的变化、沙丘的微弱起伏。

在景观园林设计中，地形与地貌是很重要的元素，利用蜿蜒起伏的地形可以创造出令人难以忘怀的景观，因为地形直接联系着环境中的其他景观元素，并且地形对景观的其他元素有重要的支配性作用。景观设计师独特和显著的特点之一就是具有熟练使用地形的能力。

5.4.2 竖向设计定义与任务

受地形地貌影响最大的就是场地建设中的竖向设计，竖向设计与景观总平面有着不可分割的关系，现状地形往往不能满足我们的设计要求，需要在原有地形上进行竖向的调整，充分利用原有地形并合理改造。竖向设计就是对环境中的各个景点、设施及地貌在高程上进行统一设计，以保证协调性。例如，要对土石方、排水系统、构筑物高程、园路广场等进行垂直于水平方向的布置和处理，以满足场地设计的需要。

竖向设计需要从最大限度发挥园林景观的综合功能出发，统筹安排各个景点、设施和地貌之间的关系，充分利用地形减少土方量，合理地处理高程上的景观连接。其任务包括：地形设计，确定园内建筑与景观小品的高程，确定园路、广场、桥梁及铺装等设计，保证植物种植在高程上的要求，拟订场地排水方案，安排场地土方工程，管道综合设计，等等。

5.4.3　地形的表现方法

地形的平面表示主要采用图示和标注的方法。图示法是地形的直观表现，它包括等高线法、坡级法、分布法和高程标注法。等高线法是地形最基本的图示法。标注法主要用于标注地形上某些特殊点的高程。

高程是地面上一点到大地水准面的铅垂距离，通常称为高程或标高。每个国家都有一个固定点作为国家地形的零点标高，我国将青岛附近的黄海平均海平面作为标高的零点。依此形成的标高就是绝对高程（或称海拔）。而相对高程是指在局部地区指定任意一个具有特征的水平面作为基准面，依此得出设计场地各点相对于基准面的高差，这个概念常用于局部地区的场地规划中。

1．等高线法

等高线法是指以某个参照水平面为依据，用一系列假想的等距离水平面切割地形后所获得的交线的水平正投影图表示地形的方法（见图 5-26）。等高线是假想的线，是某一天然地形与某一高程的水平面相交所形成的交线投影在平面图上的线。

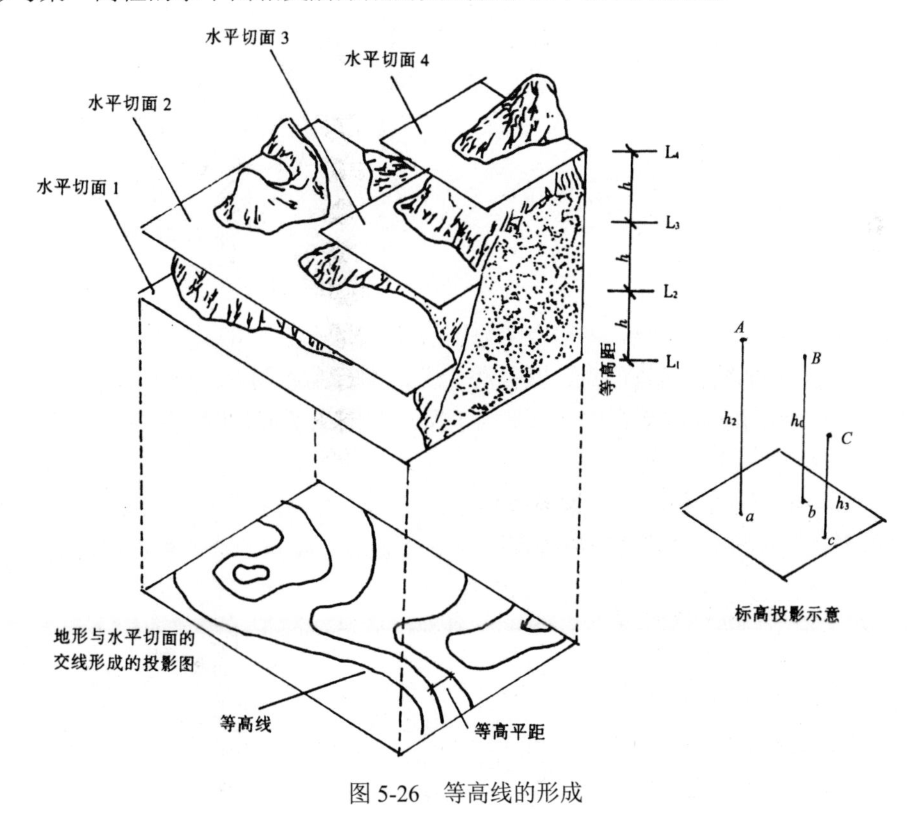

图 5-26　等高线的形成

两相邻等高线切面之间的垂直距离 h 称为等高距（或等高差）。等高线是景观平面图上高程相等的各点所连成的闭合曲线。等高线上标注等高距，用它在景观设计图上表示地形的高低陡缓、峰峦位置、坡谷走向及溪地深度等内容。

水平投影图中，两相邻等高线之间的垂直距离称为等高线平距，平距与所选位置有关，是一个变值。平距表示了该地形坡度的缓或陡，疏则缓，密则陡。地形等高线图上只有标注比例尺和等高距后才能解释地形。等高距 h 是不变的，它常标注在图标上。例如，一个 lm 的等高距，就表示在平面上的每一条等高线之间都具有 lm 的海拔高度变化。除非另有标注，否则等高距自始至终都在一个已知图示上保持不变。综上所述，地形等高线图必须标注比例尺和等高距后才能完整地表示地形。

一般的地形图只用两种等高线，一种是基本等高线，称为首曲线，常用细实线表示；另一种是每隔 4 根首曲线加粗一根并注上高程的等高线，称为计曲线。在制图中，一般对原地形的等高线采用虚线表示，设计后的等高线用实线表示（见图 5-27）。

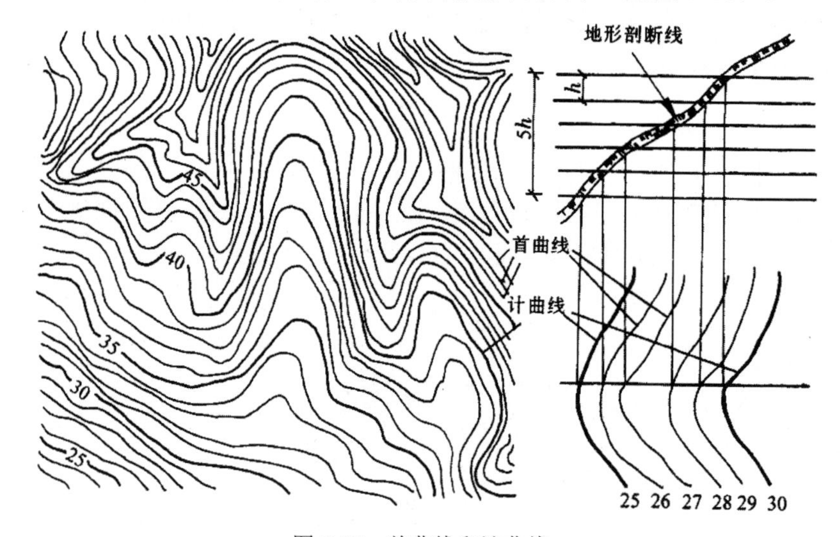

图 5-27　首曲线和计曲线

在识读或绘制等高线时，应掌握等高线的基本性质。

（1）同一条等高线上所有的点，其高程相等，即标高相同。

（2）每一条等高线都是闭合的，但是由于用地范围或图框限制，在图样上不一定每条等高线都能闭合。

（3）等高线水平间距的大小，表示地形的缓或陡。等高线稀疏表示地形平缓，等高线密集表示地形较陡。等高线的间距相等，表示该坡面的坡度相同；如果该组等高线平直，则表示该地形是一处平整过的同一坡度的斜坡。

（4）在一个园址范围内，各自闭合的等高线，其数值的大小表示地形的高低。

（5）等高线一般不会相交、重叠或合并。换言之，单一的等高线决不会形成两条表示同一高度的等高线，如图 5-28（a）所示。接近山脊顶部或山谷底部的等高线，不使用单一等高线来表示其边缘，这样的边缘通常表示成一系列的标高点，如图 5-28（b）所示。可以

这样理解，每条等高线的一侧是较高点，而另一侧是较低点。较低点不能同时出现在一条等高线的两侧。特殊情况时，只有在悬崖处的等高线才可能出现相交的情况，在某些垂直于地面的峭壁、地坎或挡土墙、驳岸处的等高线才会重合在一起。

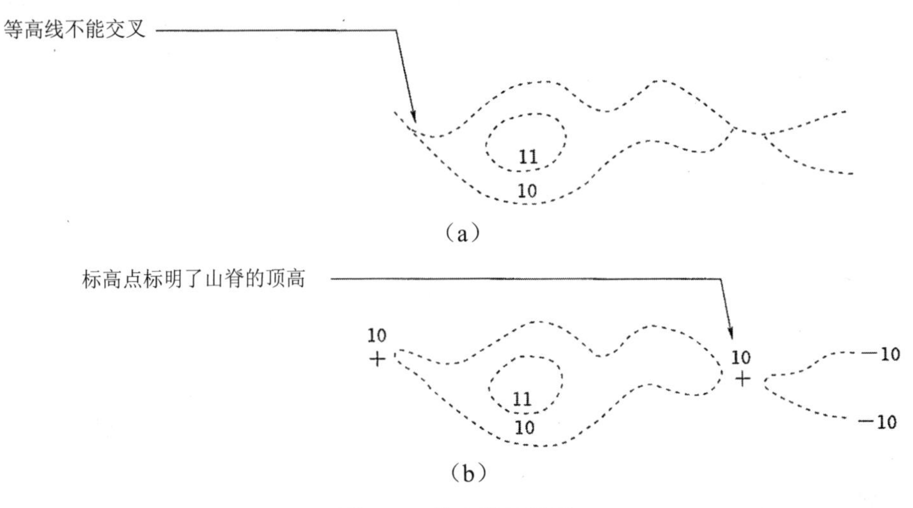

图 5-28　等高线的性质

（6）等高线不能直接横穿河流、峡谷、堤岸和道路等。

从某种意义上而言，等高线在平面图上的位置、分布及特征就是一种符号词汇，可作为辨认某一园址地形的“标记”。例如，平面图上等高线之间的水平间距表示一个斜坡的坡度和规则性。等高线间的水平间距相等，则表示斜坡是均匀的，而水平间距不相等，则表示斜坡是不规则的。等高线水平间距朝向坡底疏、接近坡顶密的斜坡为凹坡；反之为凸坡，即底部密、顶部疏（见图 5-29）。山谷在平面图上的标志是等高线向上指，即指向较高数值的等高线；相反，山脊在平面图上的标志是等高线向下指，即指向较低数值的等高线（见图 5-30）。

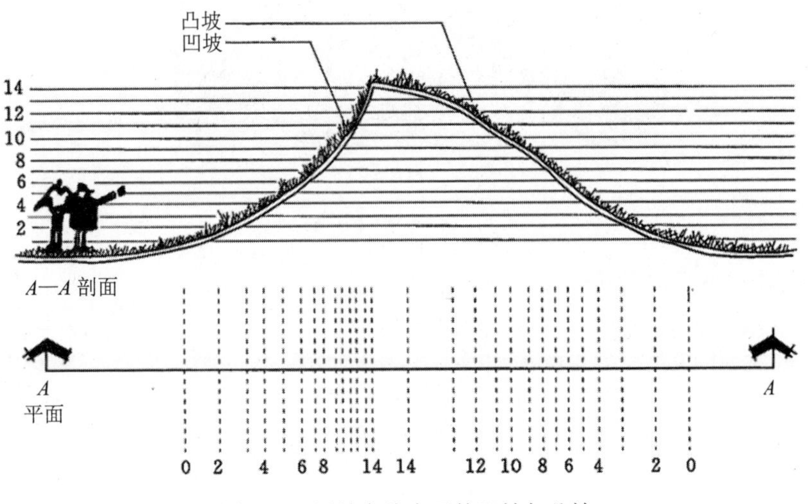

图 5-29　用等高线表示的凹坡与凸坡

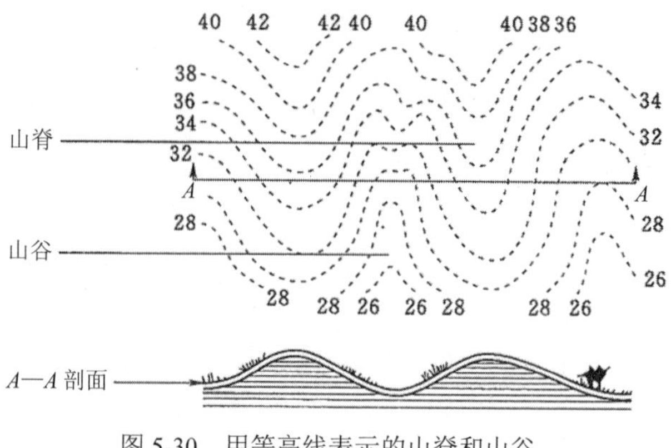

图 5-30　用等高线表示的山脊和山谷

此外，山谷和山脊在平面图上也可通过等高线的位置来辨认。凸状地形（勿与凸状斜坡混淆）在平面上用同轴闭合的中心最高数值等高线表示；而凹状地形的表示则与之相反，即用同轴闭合的中心最低数值等高线表示。此外，凹状地形最低数值等高线的绘制，是在等高线自身的内部，用短小的蓑状线表示（见图 5-31）。

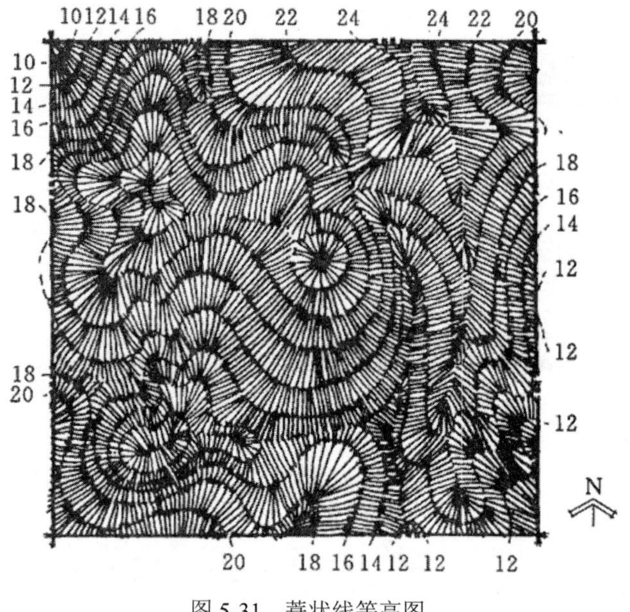

图 5-31　蓑状线等高图

2．坡级法

坡级法是指用坡度等级表示地形陡缓和分布的方法。它根据等高距的大小、地形的复杂程度、各种活动内容对坡度的要求来划分坡度的等级，并标注在图上。这种表示方法比较直观，便于了解和分析地形，常用于基地现状和坡度分析图中（见图 5-32）。

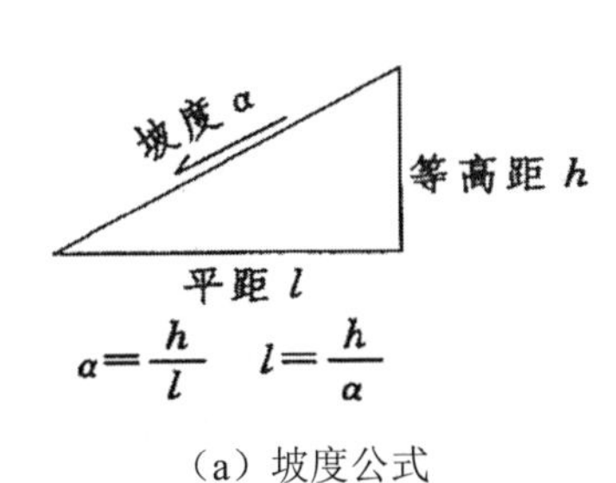

（a）坡度公式

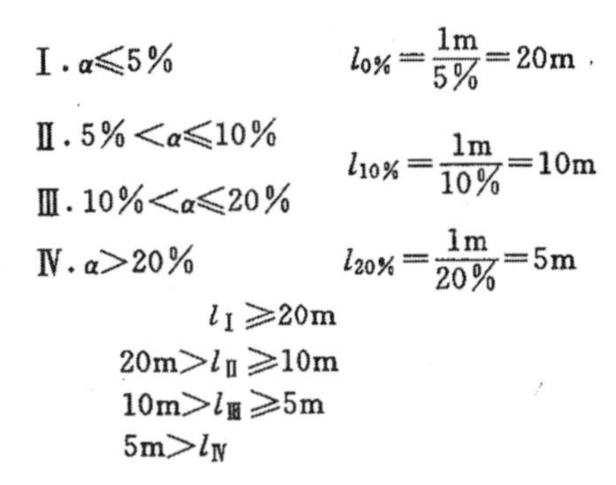

（b）坡级（即平距范围）

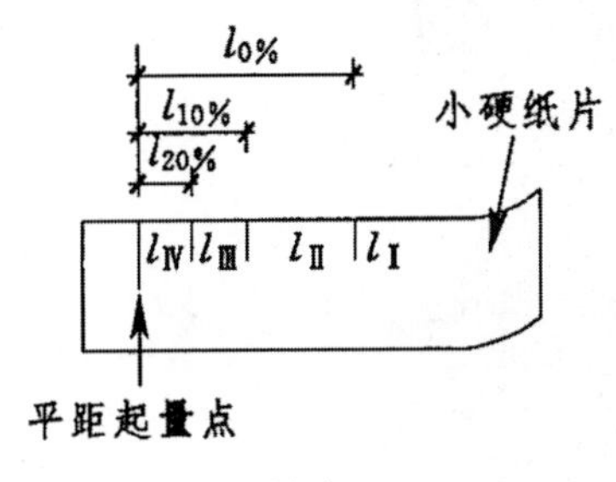

（c）坡度尺

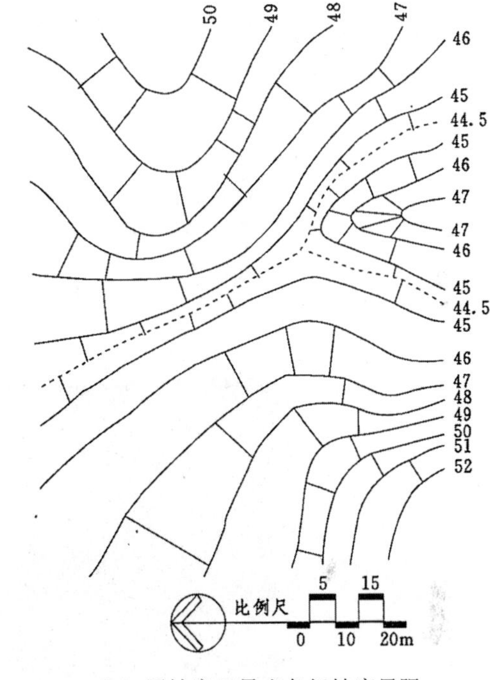

（d）用坡度尺量出各级坡度界限

图 5-32　坡级图的作法

（1）首先确定坡度等级，然后在不同的坡度范围内用色或上线条。

应用坡度公式：

$$\alpha=(h/l)\times 100\%$$

$$l=(h/\alpha)\times 100\%$$

其中，α 为坡度（%），h 为高差（m），l 为水平间距（m）。

例如：$\alpha\leq 5\%$，h=lm，则 $l_{5\%}$=lm/5%=20m；

5%<α≤l0%，h=1m，则 $l_{10\%}$=1m/10%=10m；

10%<α≤20%，h=lm，则 $l_{20\%}$=lm/20%=5m；

α>30%，…

（2）算得平距范围，$l_1\geq$20m，10m≤l_2<20m，5m≤l_3<10m，l_4<5m。

（3）算出临界平距，划分出等高线平距范围。然后用硬纸片做成标有临界平距的坡度尺，或者用直尺去量找相邻等高线间的所有临界平距范围。量找时，应尽量保证坡度尺或直尺与两根相邻等高线垂直，当遇到间曲线〔图 5-32（d）中用虚线表示的等高距减半的等高线〕时，临界平距要相应减半。

（4）根据平距范围确定不同坡度范围（坡级）内的坡面，并用线条或色彩加以区别。常用的区别方法有影线法、单色或复色渲染法。

3．分布法

分布法也是一种非常直观的地形表示方法，将整个地形的高程划分成间距相等的几个等级，并用单色加以渲染，各高度等级的色度随着高程从低到高的变化逐渐由浅变深。由此绘出的图又称“坡度分析图”，它也是一种用于表达和了解某一特殊园址地形结构的手段。如图 5-33 所示，以斜坡坡度为基准，图中深色调一般代表较大的坡度，浅色调代表较缓的斜坡。

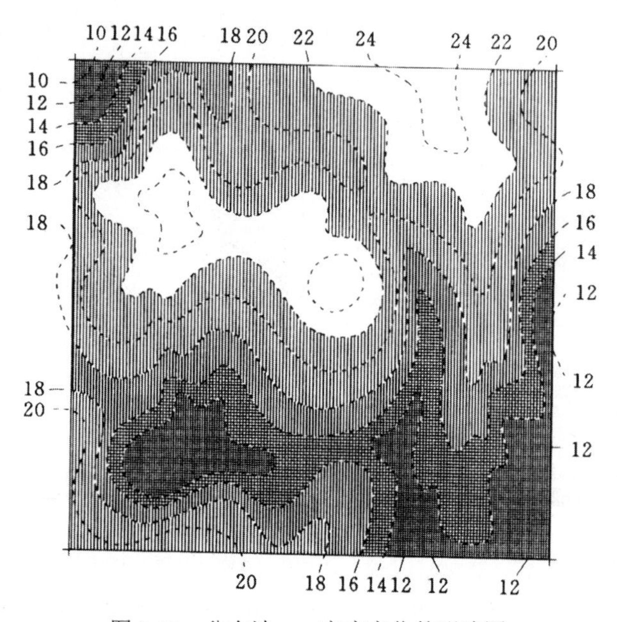

图 5-33　分布法——高度变化的明暗图

坡度分析图的价值在于，它能确定场地不同部分的土地利用和园林要素选址。该图通常在设计过程中的前期（场地分析阶段）予以绘制。其作为分析工具的作用与被确定的斜坡类型数目有关，同时也与每一类斜坡的坡度百分比有关，这些类型的确定与园址原有地形的复杂性以及所设想的土地利用程度有关。

4．高程标注法

高程标注法是指用标高点标注地形图中一些特殊点的方法（见图 5-34）。

标高点常用于平面图或剖面图中，它是指高于或低于水平参考面的某一个特定点的高程，当需要表示地形图中某些特殊的地形点时，可用十字或圆点标记这些点，并在标记旁注上该点到参照面的高程。

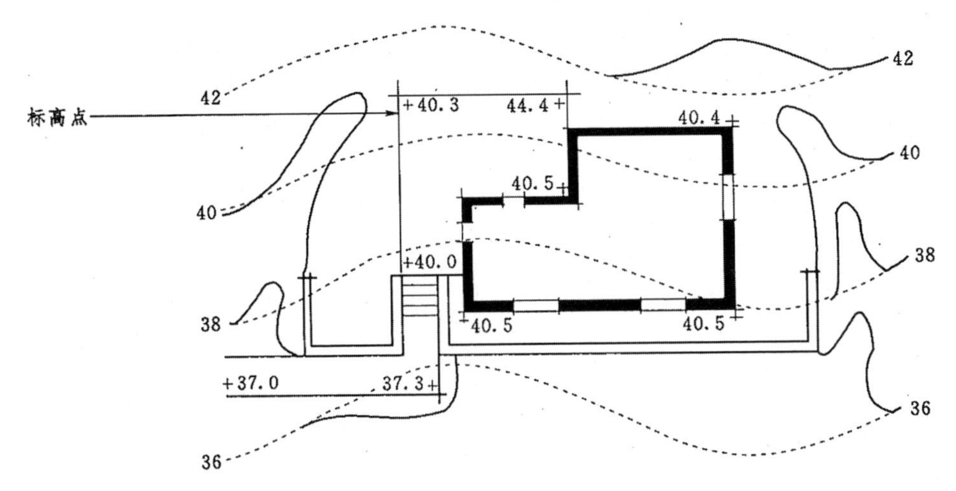

图 5-34　地形图中的高程标注

一般等高线用整数表示，因为它们表示高于或低于某个已知参考面的整个测量单位。而高程这些点常处于等高线之间，所以常用小数表示，一般注写到小数点后第二位，这种地形表示法称为高程标注法。高程标注法适用于标注建筑物的转角、墙体和坡面等顶面和底面的高程，以及地形图中最高点和最低点等特殊点的高程。因此，场地平整、场地规划等施工图中常用高程标注法。

5．地形在平面中的其他表示方法

在平面中，地形除了用等高线法、坡级法、分布法、高程标注法表示，在室外景观园林等设计中还会用比例法和百分比法表示斜坡的倾斜度。

1）比例法

比例法就是通过坡度的水平距离与垂直高度变化之间的比率来说明斜坡的倾斜度，其比例值为边坡率，如 8∶1、3∶1 等。通常，第一个数表示斜坡的水平距离；第二个数表示垂直高差，一般将其简化为 1（见图 5-35）。

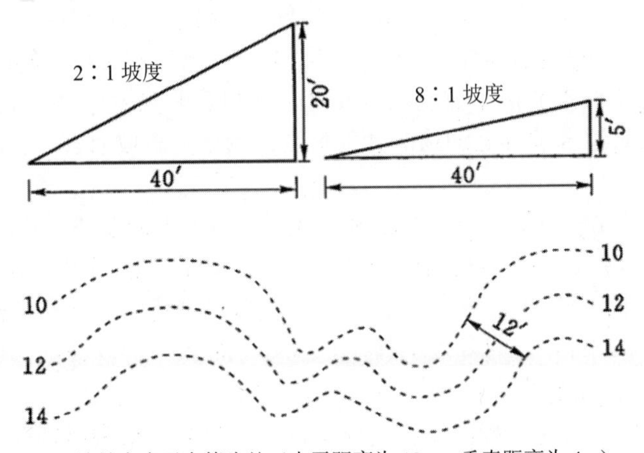

3∶1 边坡率表示在箭头处（水平距离为 12m，垂直距离为 4m）

图 5-35　比例法表示地形

比例法常用于小规模景观设计中。通常可用比例法提供设计地形的标准。例如，2∶1表示不受冲蚀的地基上所允许的最大绝对斜坡，所有2∶1的斜坡都必须种植地被植物或其他植物，以防止被冲蚀；3∶1表示大多数草坪和种植区域所需的最大斜坡；4∶1表示可用剪草机进行养护的最大坡度。

2）百分比法

坡度的百分比就是斜坡的垂直高差与斜坡水平距离的比值。百分比法的应用非常广泛，它是制作坡度分析图的基础，常被用于制定设计标准和尺度（见图5-36）。以下是一些设计需要对应的坡度值。

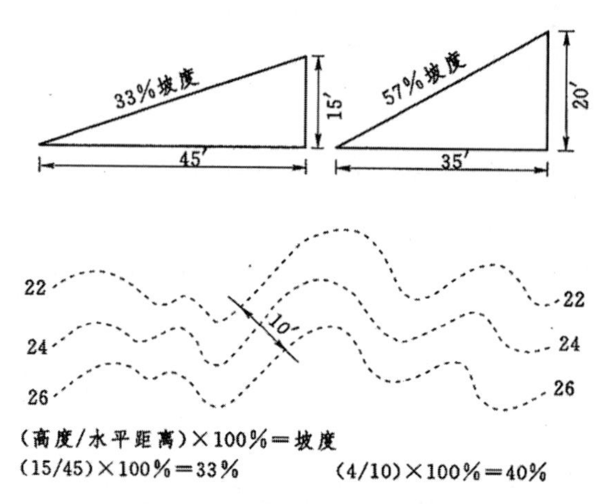

图5-36　百分比法表示地形

0～1%：过于平坦。这种比例的斜坡排水性差。因此，除了适宜作为受保护的潮湿地外，这种地形几乎不适宜进行室外空间的利用和使用功能的开发。1%的坡度最好让其成为一片开阔地或是一片保护区，在这些区域偶尔出现的积水，一般不会带来副作用。

1%～5%：这是一种理想的坡度。它可为外部的开发提供最大的机动性，并适应大面积工程用地的需要，如楼房、停车场、运动场等，而且不会出现平整土地的问题。不过，这种坡度的空间存在一个潜在的缺点，即如果该空间在一片区域内延伸过大，就会在视觉上感到单调乏味。此外，如果这类斜坡的坡度较平缓，那么在不透水土壤上的排水就会成为问题。

1%的坡度：这是假定的最小坡度，主要是草坪和草地。

2%的坡度：这是适合草坪运动场的最大坡度。就这种斜坡而言，它同样适合平台和庭院铺地。

3%的坡度：这种比例使地面倾斜度显而易见。若低于3%的比例，则地面相对呈水平状。

5%～10%的坡度：这一坡度的斜坡可适合多种形式的土地利用。但是，应结合斜坡的走向，合理安排各种工程要素。若在这种坡度上配置较密集的墙体和阶梯，完全可能创造出动人的平面变化。此外，这种坡度的排水性较好，但若不加以控制，排水很可能会引起水土流失。10%的坡度是作为人行道的最大极限坡度。

0%～15%的坡度：这是一种起伏型的坡度。对于许多土地利用来说，这种坡度有过于陡峭的感觉。为了防止水土流失，就必须尽量少动土方，所有主要的工程设施须与等高线平行，并使它们与地形在视觉上保持和谐。这种斜坡的高处通常视野开阔，能观察到四周

的景观。

大于 15%的斜坡：这种斜坡因为陡峭而大多数不适于土地利用。不过，若对这种状况的地形使用得当，便能创造出独特的建筑风格和动人的景观。

6．地形剖面图的表示方法

景观设计制图中的地形剖面图一般是由地形剖断线和地形轮廓线组成的。

1）地形剖断线

在地形平面图上，先确定剖切位置和剖视方向，再确定剖切位置线与等高线的交点。在地形的立剖面图上，按比例绘出间距等于等高距的平行线组，然后在平行线组中，将等高线与剖切位置线的交点标识出来，最后将这些点连接成光滑的曲线，即得到地形剖断线（见图 5-37 和图 5-38）。

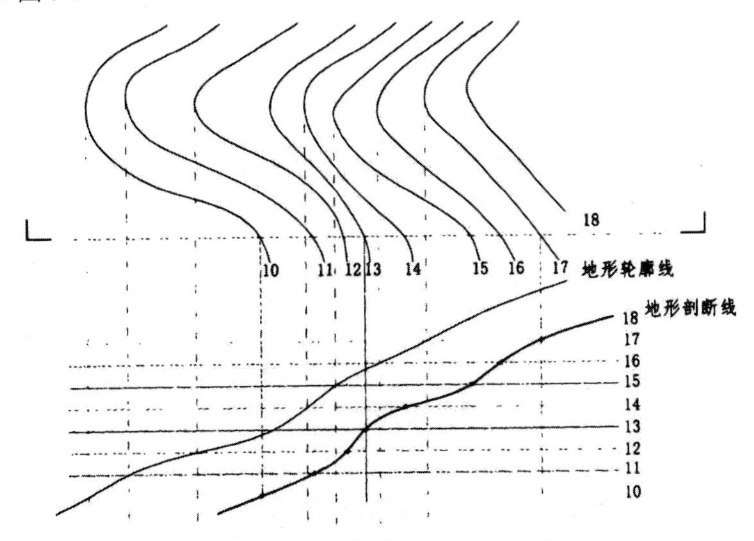

图 5-37　地形轮廓线和地形剖断线

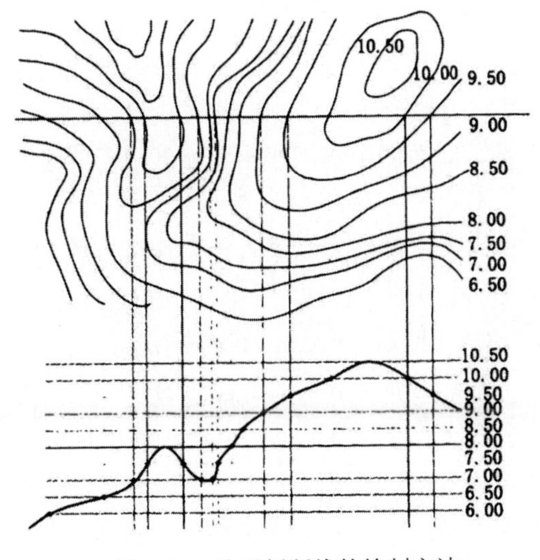

图 5-38　地形剖断线的绘制方法

2）垂直比例

地形剖面图的水平比例应与原地形平面图的比例一致，垂直比例（立面高度）可根据地形情况进行放大或缩小处理，例如原地形平面图的比例过小，地形起伏不明显，可将垂直比例扩大 5～20 倍。根据不同的垂直比例所做出的地形剖面图的起伏不同，且水平比例与垂直比例不一致时，应该在地形剖面图上同时标明这两种比例（见图 5-39）。

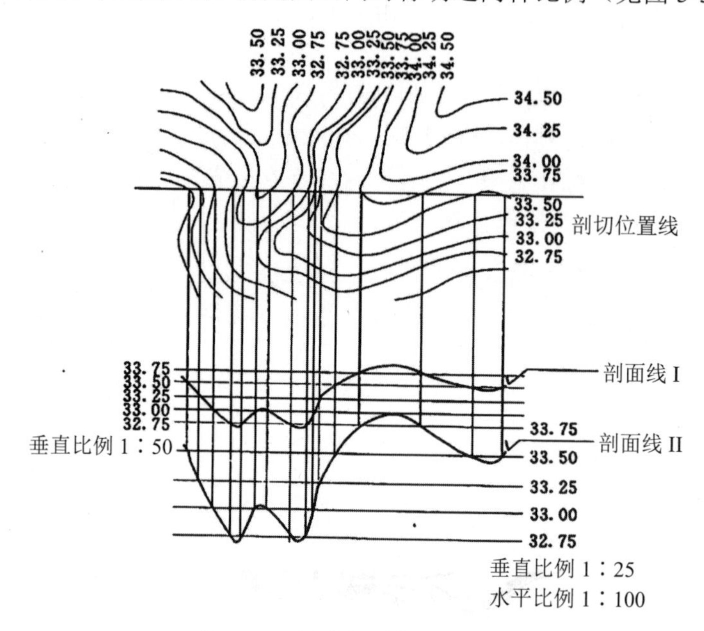

图 5-39　地形断面的垂直比例

3）地形轮廓线

在地形剖面图中，除了需要表示地形剖切位置的地形剖断线，有时还需要表示地形剖断面后没有剖到但又可见的部分，这就是地形的轮廓线。即地形剖面图包括地形剖断线和地形轮廓线两部分。

地形轮廓线的绘制方法与地形剖断线相同。有地形轮廓线的剖面图画法较复杂，在平地或地形较平缓的情况下可不画地形轮廓线。当地形较复杂时，应画地形轮廓线。地形轮廓线及剖面图如图 5-40 所示，剖面图中剖断线用粗实线表示，没有剖到但可见的地形轮廓线用中粗线表示。

地形轮廓线的画法：图 5-40 中虚线表示垂直于剖切位置线的地形等高线的切线，将其向下延长，与等距平行线组中相应的平行线相交，所得交点的连线就是地形轮廓线。

其他要素立面的画法：对于建筑、小品、植物等景观要素，按其平面位置和所处的高程定到地形轮廓线上，然后按照比例关系，画出它们的立面图，并根据前后关系擦除被挡住的图线即可。在平地或地形较平缓的情况下，可不画地形轮廓线，或以中粗直线表示地形轮廓线。

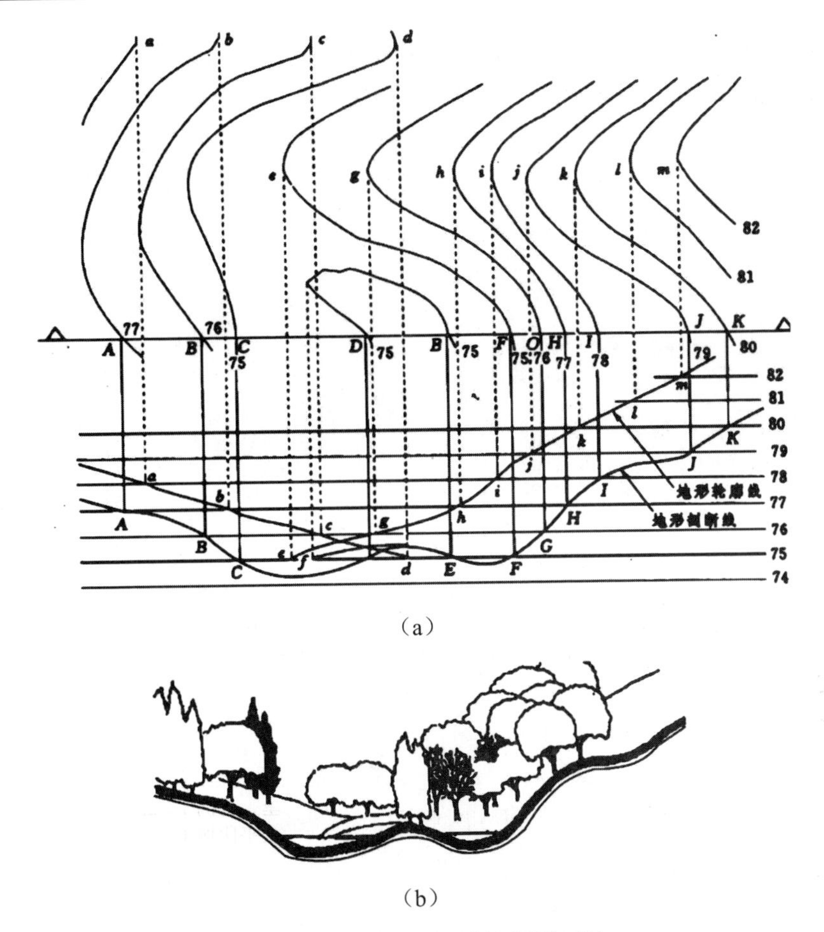

（a）

（b）

图 5-40　地形轮廓线及剖面图的画法

5.4.4　地形设计实例

景观、园林场地中的竖向设计作为总体设计中不可或缺的部分，其包含的内容很多，其中又以地形设计最为重要，下面介绍几个地形设计实例。

1．杭州植物园山水园

杭州植物园山水园是杭州植物园的一个局部景观园，其地理位置处于青龙山的东北侧，面积约 4 公顷。山水园山明水秀，且地形宛转多变。山水园建前的基地条件：地处山洼地，属于地形中的谷地，原址基本上是农业用地，种植稻谷，洼地两侧为坡地，坡地上有可供排水的谷涧和少量的裸露岩石。

山水园的地形设计本着因地制宜、顺应自然的原则，将山谷几处高低不等的稻田整理成两个大小不等的上、下湖，利用半岛将湖面分隔开。这样处理虽然不如开凿整片湖面来得开阔，却使得岸坡能贴近水面，同时这样处理也减少了土方工程量，增加了水面的层次。并且由于地形因素，两湖之间有落差，于是形成了水声沥沥的景色，整体水景显得更有自然野趣的韵味。

设计将湖四周的原有坡地加以整理，适当降低山间小路的路基面，在两侧的坡地上做出局部地形的起伏变化。山水园中有两处溪流也处理得非常好，分别是玉泉和山涧，这两条溪涧把湖面、坡地和建筑有机地结合到了一起（见图 5-41）。

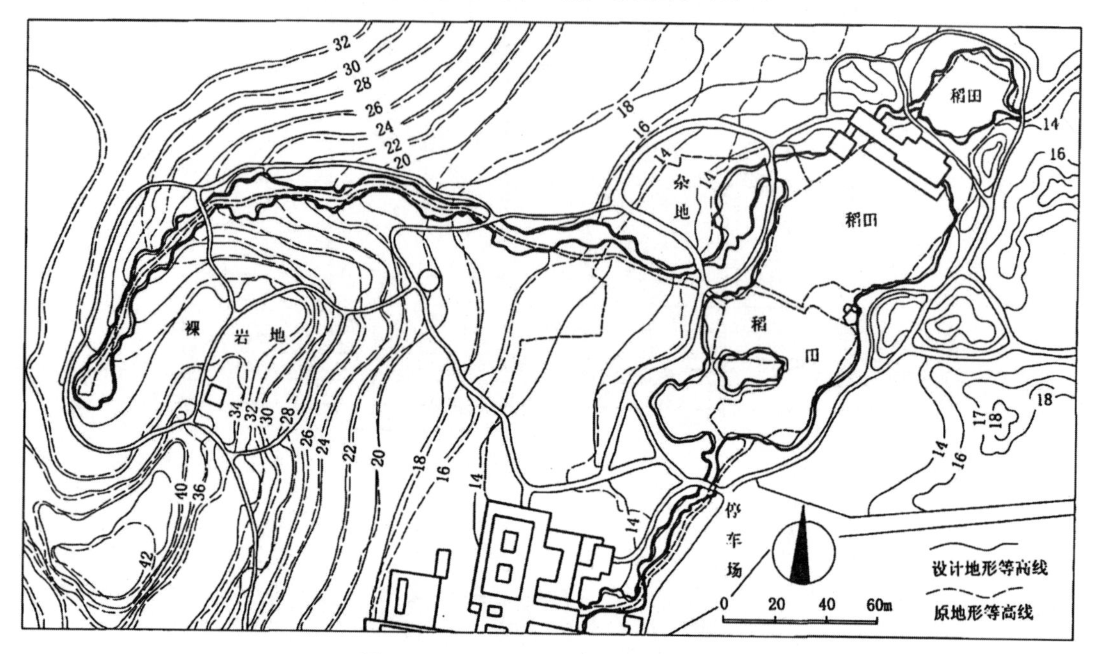

图 5-41　杭州植物园山水园地形设计

2．圆明园“上下天光”

“上下天光”是圆明园的著名景点之一，位于后湖的西北面，从它的名字就能够想象出水天一色的风景，犹如明镜般的水池，天色与水池相连，桥梁连通东西，上面还建有六角亭和四脚亭，都是结构极其精巧的建筑，亭楼不高，登上去即可俯瞰周围景色。“上下天光”这一景观是模仿洞庭湖岳阳楼而建造的，临桥远看有水天相连的感觉。放眼望去，亭台楼阁、曲折长廊都掩映在绿水青山中，再加上流水，仿佛人间仙境（见图 5-42）。

3．北京奥林匹克森林公园

奥林匹克森林公园位于北京奥林匹克公园北部，地处北京城市中轴线北端的重要地段，公园的规划面积约 680hm^2。森林公园分为两个区域：五环以北地区占地约 300hm^2，五环以南地区占地约 380hm^2，公园内主要有林地（405hm^2）、湖泊（约 12hm^2）、河道（渠）、农田、村庄、仓库、工厂、碧玉公园别墅区（7.83hm^2）、历史遗存等。设计将用地内的村庄、仓库和工厂进行拆迁处理，碧玉公园别墅区少量保留，历史遗存及现有的林地和水面尽量保留。

奥林匹克森林公园的竖向规划基于以下原则：第一，根据奥林匹克森林公园及中心区入选方案“通向自然的轴线”以及市规委和森林公园管委会提出的修改意见进行山形水系的整体塑造；第二，最大限度地保持和利用现有湖渠、微地形起伏等现状地形条件；第三，从环保、经济的角度出发，保证土方就地平衡。

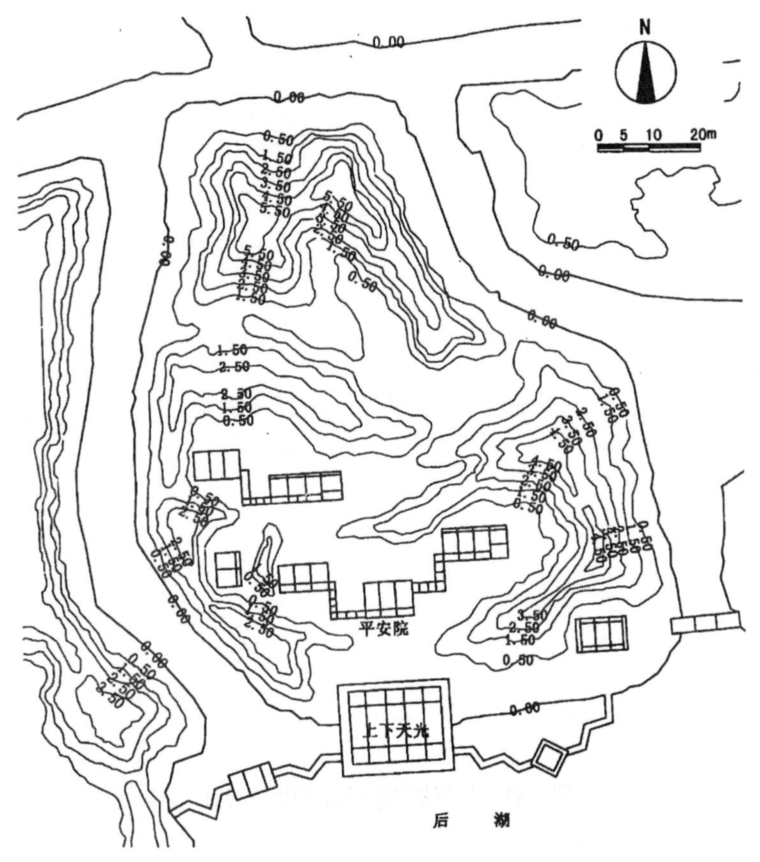

图 5-42　圆明园“上下天光”地形设计

根据森林公园的具体建设条件，规划将主要的山形水系压缩到北五环路南部，在辛店村路和北五环路之间近 1000m 的南北距离范围内挖湖堆山，形成主湖在前、主山在后、山水相依的格局。其中，主山恰好位于奥林匹克公园中轴线的尽头，并且与城市西北方向的西山遥相呼应。主峰相对高度为 48m，为了丰富山体效果，在主峰的西南处构建了 28m 的次峰，成为余脉。除此之外，在主峰东南方向，主湖与原洼里公园湖区及原碧玉公园湖区相连地段的水面规划一系列小岛，岛上堆山，丰富水景层次，同时增强山体的连绵感；安立路西侧亦做微地形处理。

最后，以主山为主体的南区山系通过生态廊道跨过北五环路继续向北区延伸，形成一系列萦回曲折的低山丘陵，大约 5～10m，作为主山的余脉，且与蜿蜒曲折的带状溪流相映成趣，营造山林清流的气氛。主山和周边各山体所需土方主要来自主湖和湿地的挖掘。为了保证土体的稳定，除表层种植土外，土壤密实度应达到 92%，坡度过陡处，应采用山石护坡。

主山水是森林公园设计的精髓所在，受到各方的高度重视。设计师根据公园的总体规则运用中国传统山水格局的设计理念，多次对主山水的设计形式进行了修改。确立了全园山形水系格局，最后形成“山环水抱，谷脊分明；负阴抱阳，左急右缓；左峰层峦逶迤，右翼余脉蜿蜒”的山水形态。它演绎出中国传统园林的精髓，气势恢宏，意境深远（见图 5-43）。

图 5-43　北京奥林匹克森林公园地形设计

5.5　园路的表现方法

5.5.1　道路概述

道路是供各种车辆和行人等通行的基础工程设施。道路按照其使用范围分为公路、城市道路、林区道路及乡村道路等。而风景园林道路则是城市道路和公路在城市公园绿地和风景名胜区中的延伸。

公路根据使用任务、功能和适应的交通量分为高速公路、一级公路、二级公路、三级公路、四级公路 5 个等级。不同等级的公路，其技术标准也不相同。风景名胜区也有公路交通，大多为三级公路、四级公路（见表 5-1）。

表 5-1　公路的分级与技术标准

项　目	级　别	设计年限/年	计算车速/(km/h)	双向机动车车道数/条	机动车车道宽度/m	分隔带设置	横断面采用形式
快速路		20	80，60	4，8	3.75～4	必须设	双、四幅路
主干路	I	20	60，50	4，6	3.75	应设	双、三、四
	II		50，40	≥4	3.75	应设	双、三
	III		40，30	4	3.5～3.75	宜设	双、三
次干路	I	15	50，40	4	3.75	应设	双、三
	II		40，30	4	3.5～3.75	设	单双
	III		30，20	2～4	3.5	设	单双
支路	I	10	40，30	2～4	3.5～3.75	不设	单幅路
	II		30，20	2	3.5	不设	单幅路
	III		20	2	3.5	不设	单幅路

城市道路按其在城市道路系统中的地位和交通功能分为四类：快速路、主干路、次干路、支路（见表 5-2）。城市道路除快速路外，各类道路依城市规模、交通量、地形分为 I、II、III 级，分别被大、中、小城市所采用。

表 5-2　城市道路的分级与技术标准

项　目	级　别	设计年限/年	计算车速/(km/h)	双向机动车车道数/条	机动车车道宽度/m	分隔带设置	横断面采用形式
快速路		20	80，60	4，8	3.75～4	必须设	双、四幅路
主干路	I	20	60，50	4，6	3.75	应设	双、三、四
	II		50，40	≥4	3.75	应设	双、三
	III		40，30	4	3.5～3.75	宜设	双、三
次干路	I	15	50，40	4	3.75	应设	双、三
	II		40，30	4	3.5～3.75	设	单双
	III		30，20	2～4	3.5	设	单双
支路	I	10	40，30	2～4	3.5～3.75	不设	单幅路
	II		30，20	2	3.5	不设	单幅路
	III		20	2	3.5	不设	单幅路

道路是一种线形工程结构物，它包括线形组成和结构组成两大部分。道路的线形是指道路中线在空间的几何形状和尺寸。道路的中线是一条三维空间曲线，称为路线。道路中线在水平面上的投影称为路线平面，反映路线在平面上的形状、位置及尺寸的图形称为路线平面图。用一曲面沿道路中线竖直剖切展成的平面称为路线纵断面，反映道路中线在断面上的形状、位置及尺寸的图形称为路线纵断面图。沿道路中线上任一点所作的法向剖切面称为横断面，反映道路在横断面上的结构、尺寸形状的图形称为横断面图（见图 5-44）。道路的结构组成主要包括路基和路面，一般用道路的横断面表示。此外，还包括诸如排水系统、隧道、防护工程、沿线的交通安全、管理、服务以及环保设施等。

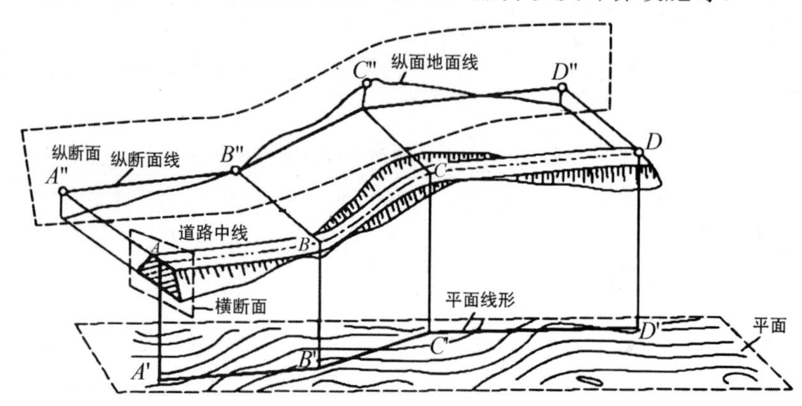

图 5-44　道路的平面、纵断面及横断面

5.5.2　园路概述

近年来，随着园林事业的发展，风景园林道路也在不断延伸发展，它包括风景区中的景区道路以及城市公园中的园林道路、广场铺装等，其中既有高等级的车行公路，也有供游人骑车、慢跑、步行的康体路及健身径，还包括诸如广场、蹬道、台阶、汀步、桥涵等道路的变体。风景园林道路不仅具有交通的功能，还是园林景观的重要构成部分，既要满足一定的技术要求，还要美观、整齐，并通过各种新材料、新工艺为园林增添新的光彩。为叙述方便，下面将风景园林道路简称为“园路”。

园路特指城市园林绿地和风景名胜区中的各种室外道路和所有硬质铺装场地。其中，风景名胜区既有供车辆行驶的公路和盘山道，也有专为游人步行开辟的蹬道、游步道及专门的自行车道；在各类公园中，不仅有供游人使用的道路广场，也有供园务交通的车行道。各种园路是贯穿全园的交通网络，是联系各个景区和景点的纽带和风景线，是组成风景园林的造景要素。无论从实用功能方面还是从美观方面，均对园路的设计有一定的要求。

5.5.3　园路的功能作用

1．组织景区，划分空间

在公园和风景名胜区中，常常利用地形、建筑、植物或道路把全园分隔成各种不同功能的空间，同时又通过道路把各个空间连成一个整体。它能将设计者的造景序列通过组织

观赏游览程序传达给游客，起到向游客展示园林风景画面的作用；另外，可通过园路的布局和路面铺砌的图案，引导游客按照设计者的意图、路线和角度来游赏景物。

2．组织交通，引导游览

园路不仅对游客的集散、疏导起着重要作用，还应满足园林绿化、建筑维修、养护、管理、安全、防火、职工生活等园务工作的交通运输需要。对于小公园，园路游览功能和交通运输功能可以结合在一起考虑，以便节省用地；对于大型园林，由于园务工作交通量大，需要分开设置以避免互相干扰，为车辆设置专门的路线和出入口。广义的园路不仅包括道路，还包括为游人活动所安排的各种铺装广场和运动场地。这些场地的开辟为游人活动提供了便利条件。

3．丰富景观

园路优美的曲线创造了园路的形式美，同时，丰富多彩的路面铺装也创造了复杂变化的地面景观，并可与周围的山、水、建筑、花草、树木、石景等景物紧密结合，不但是“因景设路”，而且是“因路得景”，所以园路行游一体。

4．综合功能

可以利用园路组织降水的排放，防治水土流失，利用园路的不同铺装形式进行空间的界定、功能区划分、障碍性铺装等，使其具有其他综合功能。

5.5.4　园路的特点与分类

1．园路的特点

园路与城市道路和公路相比有以下特点：第一，园路为造景服务，行游合一；第二，园路路面形式变化多样，具有较高的艺术表现力；第三，园路路面结构薄面强基，可以低材高用，综合造价低；第四，园路往往与园林排水等设施相结合，兼具多种功能。

2．园路的分类

路面根据划分方法的不同，可以有许多不同的分类。按路面使用材料的不同可分为以下三类。

（1）整体路面：包括水泥混凝土路面和沥青混凝土路面。

（2）块料路面：包括各种天然块石或各种预制块料铺装的路面。

（3）碎料路面：用各种不规则的砾石、碎石、瓦片、卵石、粗砂等组成的路面。有用胶结材料固结的路面，也有不胶结的粒料路面。而由煤屑、三合土等组成的路面，多用于临时性或过渡性园路。

园路按照其性质和功能，可以分为主要园路、次要园路和游憩小路三种类型。

主要园路和次要园路是通向景园各主要景点、主要建筑及管理区的道路。其路宽分别为 4～6m 及 2～4m，且路面平坦，路线自然流畅。游憩小路是用于散步休息、引导游人深入景园各个角落的园林道路。其宽度多为 1～2m，且路面多平坦，也可根据地势起伏有致。

在园林景观制图中，一般用平面图和断面图对园路进行表现。园路平面图即俯视图，能够展示园路的延伸线型、路的宽度、路的形式及路面铺装样式等；园路断面图即园路纵向或横向在剖断状态下的投影图，能够显示并表达园路的构筑工艺与具体尺寸，常用于指导园路的施工。

5.5.5 园路的表现方法

景观中的道路是游人活动的空间，具有交通和组织景观的作用。道路的设计应注意转折与衔接的关系，要通顺合理，符合人的行为规律。

景观道路平面表示的重点在于道路的线型、路宽、形式及路面样式。

根据设计深度的不同，可将道路平面表示法分为两类，即规划设计阶段的道路平面表示法和施工设计阶段的道路平面表示法。

在规划设计阶段，道路设计的主要任务是与地形、水体、植物、建筑物、铺装场地及其他设施合理结合，形成完整的风景构图。通过道路能够连续展示景观的空间。因此，规划设计阶段道路的平面表示以图形表示为主，基本不涉及数据的标注。

施工设计阶段的道路图样能直接指导施工，要求绘制得更加精细准确。

1．园路平面图的表现方法

1）主要园路和次要园路

主要园路和次要园路是通向各个景区、主要景点、主要建筑的道路。主要园路与次要园路是景观中的骨架，其平面图画法比较简单，一般以道路中线为基准，道路路线应自然流畅。道路的画法较简单，用流畅的曲线画出路面的边线即可。较宽的道路线型相对较粗。

2）游憩小路

游憩小路是指散步休息和连接到景观各个角落的道路。道路的宽度多为 0.9～1.2m。游憩小路可根据地势的变化上下起伏。由于小路的铺装材料丰富，画法不一，平面图中的游憩小路可用两根细线画出路面宽度，其常用的路面铺装材料有各种水泥预制块、方砖、条石、碎石、卵石、瓦片及碎瓷片等，园路铺装画法如图 5-45 所示。游憩小路的平面画法如图 5-46 所示。另外，需要注意的是，当平面图中的园路出现转弯或者衔接时，需要把转角处理成圆弧状，再接直线道路。

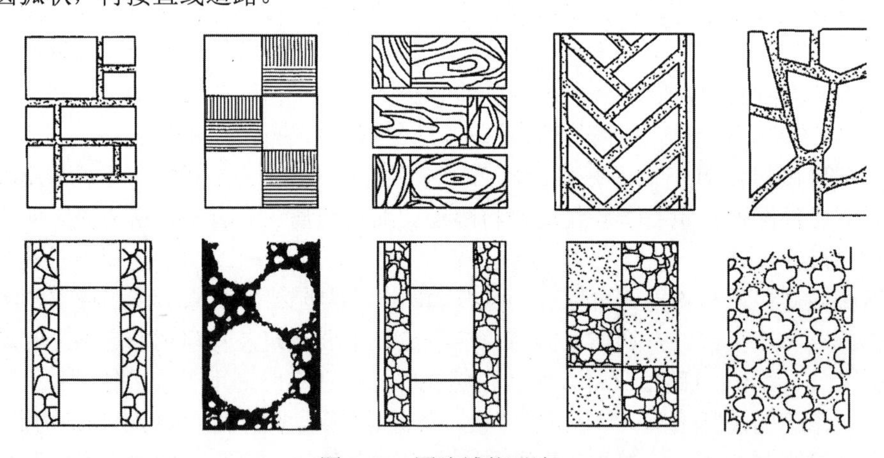

图 5-45 园路铺装画法

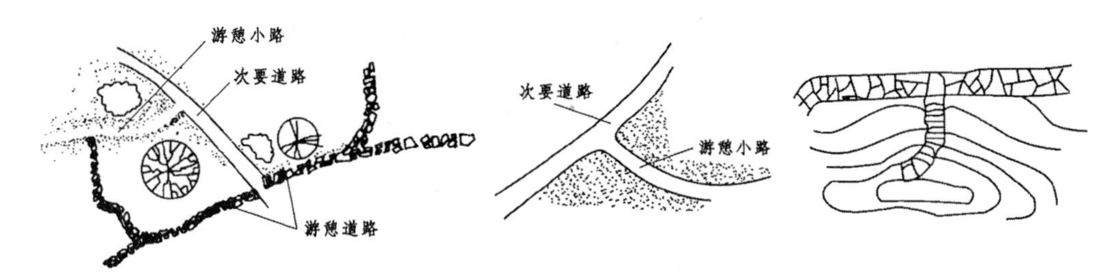

图 5-46　游憩小路的平面画法

3）异型道路

在景观图中，根据游赏功能需要，还有很多异型的道路，如步石和汀步等。步石是置于地上可供人行走的石块，多在草坪、林间、岸边或庭院等较小的空间使用。汀步是水中步石，点缀在浅水滩地、小溪等处。

2．园路断面图的表现方法

园路断面图分为纵断面图和横断面图两种类型。

1）纵断面图的表现方法

纵断面图一般用来表达园路的走向、起伏状况以及设计园路纵向坡度状况与原地形标高的变化关系。其画法如下：

（1）按已规划好的园路走势确定并标出各个控制点的标高。如路线起点至终点的地面标高、两园路相交时道路中心线交点的标高、铁路的轨顶标高、桥梁的桥面标高、特殊路段的路基标高、设计园路与原地面标高等。

（2）确立设计线。经过道路的纵向“拉坡”确定道路设计线。所谓拉坡，是指综合考虑道路平面和横断面的填挖土方工程以及道路周边环境情况，从而确定道路纵向线型。

（3）设计竖曲线。根据设计纵坡角的大小，选用竖曲线半径并进行有关计算，以设计竖曲线。当外距小于 5cm 时，可不设竖曲线。

（4）标注其他要素。如桥、涵、驳岸、闸门、挡土墙等的具体位置及标高。

（5）绘制道路纵断面图。综合以上线型，就能够绘制出道路的纵断面图。

2）横断面图的表现方法

横断面图能直接表现道路绿化的断面布置形式。一般来说，道路横断面设计所涉及的内容主要有：车行道、人行道、路牙、绿带、地上及地下管线共同敷设带、排水沟道、电杆、分车岛、交通组织标志、信号和人行横道等（见图 5-47）。

道路断面常见的基本形式有一块板、两块板和三块板等。相应的，道路绿化断面布置形式有一板两带式、两板三带式、三板四带式、四板五带式等。

（1）一块板：所有机动车和非机动车都在一条车行道上混合行驶，在两侧人行道上种植行道树，这种形式称为一板两带式（带指绿化带），如图 5-48（a）所示。这种形式的道路简单整齐、用地经济、管理方便，但景观单调，不能解决各种车辆混合使用的矛盾。多用于小城市或车辆较少的街道。

（2）两块板：在车行道中央设置一条分隔带或绿地，把车行道分成单向行驶的两条车道，在人行道两侧种植行道树，这种形式称为两板三带式，如图 5-48（b）所示。分隔带上不种乔木，只种草皮或不高于 70cm 的灌木。其优点是可以减少对向车流之间的相互干扰，避免夜间行车时由于对向车流之间头灯的炫目照射而发生车祸，有利于绿化、照明、管线敷设，且绿带数量大，生态效益显著；缺点是仍不能解决机动车和非机动车混合行驶、互相干扰的矛盾。多用于高速公路和入城道路等比较宽阔的道路。

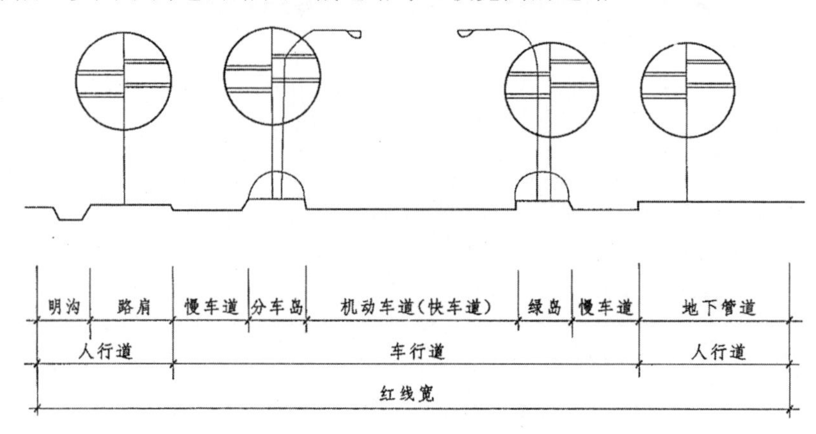

图 5-47　道路横断面图

（3）三块板：用两条分隔带把车行道分成三块，中间为机动车道，两侧为非机动车道，连同车道两侧的行道树共有四条绿化带，这种形式称为三板四带式，如图 5-48（c）所示。这种形式的道路遮阴效果好，在夏季能使行人和各种车辆驾驶者感觉凉爽舒适，同时解决了机动车和非机动车混合行驶、相互干扰的矛盾，组织交通方便，安全系数高。在非机动车较多的情况下采用这种断面形式比较理想。

（4）四块板：用三条分隔带将车道分成四条，使机动车和非机动车都分上下行，各行车道互不干扰，这种形式称为四板五带式，如图 5-48（d）所示。其优点是行车安全，缺点是用地面积较大。有时为了节约用地面积，也采用高 60cm 左右的栏杆代替绿化分隔带。

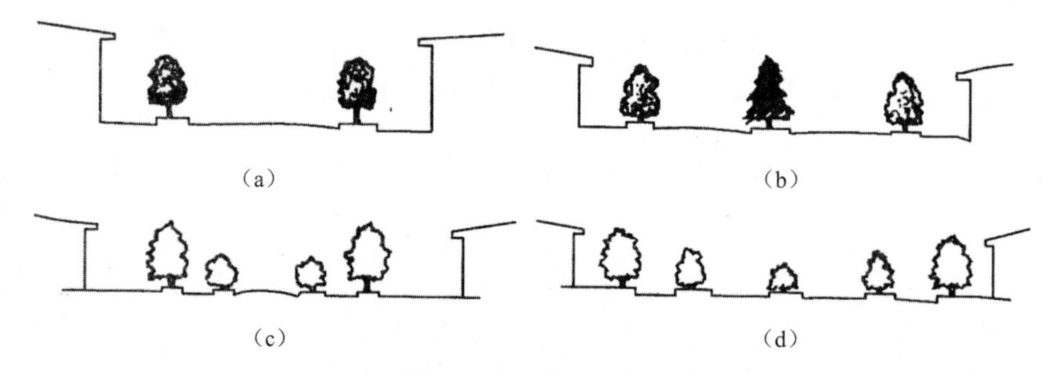

图 5-48　道路的断面形式

3．园路结构断面图的表现方法

园路结构断面图是道路施工的重要依据。它除了要表达道路各构造层的厚度、材料，还要加上一定的文字说明、技术要求及标注。因此，该图上必须包含图例（材料）和文字标注（技术要求）两部分内容（见图 5-49）。

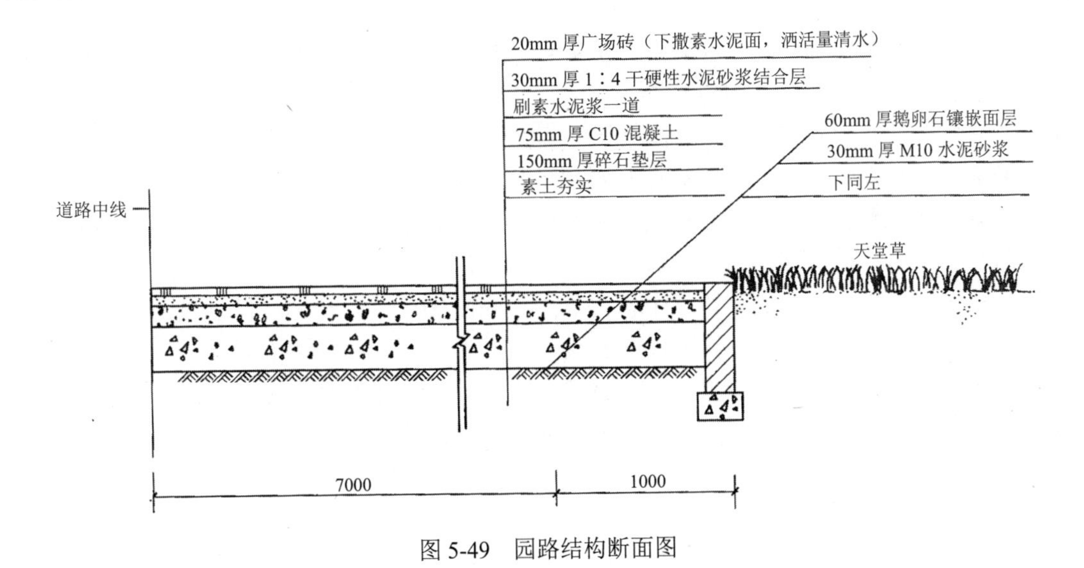

图 5-49　园路结构断面图

不同的材料要用不同的图例表示，常见的材料有岩石、卵石、钢筋混凝土、素混凝土、块石、水泥、黄砂、碎石、灰土、素土等（见图 5-50）。

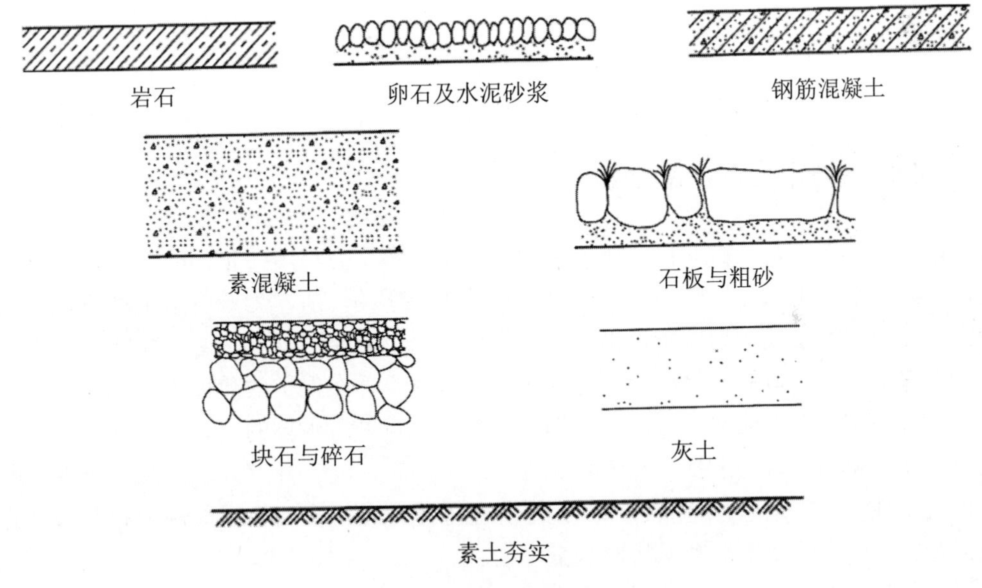

图 5-50　不同道路铺装材料的画法

5.6　水体的表现方法

5.6.1　水景概述

水是生命之源，水的存在对人类来说至关重要。早在 2000 多年前，孔子就提出“仁者乐山，智者乐水”的思想，在历史的长河中，人们能够感受到，大自然中的水所给予人类的不仅仅是必需的生存条件，还有很多美的享受与启迪。

造山、理水是中式自然山水园的主要表现手法，大自然风景中的江河、湖泊、溪流、瀑布等具有不同的形式和特点，为中国传统园林的理水艺术提供了创作灵感，中式园林中的理水是对自然界中水体特征的提炼与再现，可以说它们源于自然、高于自然，是人类的艺术创造。中国园林理水艺术至今已有近 3000 年的历史，中式园林的理水对西欧乃至世界园林都产生了影响。近年来，随着经济的发展、人们生活水平和科技水平的提高，人们对水景工程无论是在形式上还是质量上都提出了更高的要求。同时，水景已成为广大人民生活的需要，现代的水景更加注重人的参与性与互动性，水景的形式也因高新技术的运用而有了新的内涵。不同的水景给人的心理感受也不相同，水体的类型分为自然式水体、规则式水体和混合式水体。自然式水体主要是指保持天然的或者模仿天然形状的江河、湖泊、瀑布、泉水、溪流等，这种水体的特点是亲和力强、空间活泼、构图自然流畅；规则式水体多为人工开凿的几何形状水面，一般情况下，规则式水体构图简单，气氛较为庄重、平和（见图 5-51）；混合式水体是指自然式与规则式相互结合使用的水体。

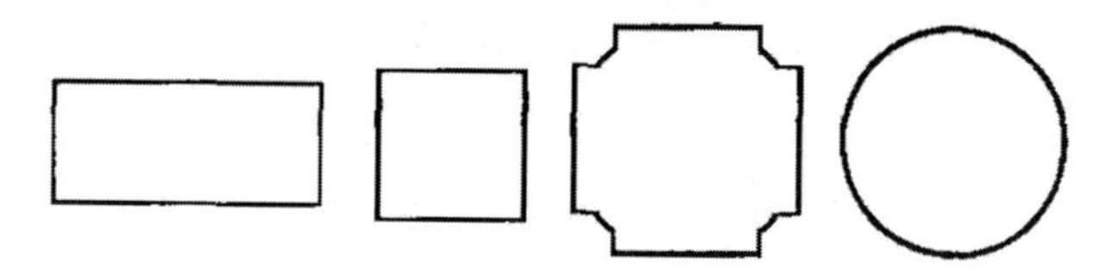

图 5-51　规则式水体的基本造型

5.6.2　水体在城市景观中的功能

城市用地的水系是难得的自然风景资源，也是城市生态环境质量的要素。它可以为城市提供生活用水和工农业生产用水，提供人们休闲娱乐的场所，为一些水生动植物提供良好的生活环境与栖息地，为城市提供排水蓄水以及抗洪防涝的减灾、避灾功能，有的水体还能提供水上交通与运输，因而应大力保护天然水体，并在保护的前提下加以开发利用。城市规划部门有河湖组或类似的专项规划部门专门负责城市水体的宏观规划，其主要任务为保护、开发和利用城市水系，调节和治理洪水与淤积泥沙，开辟人工河湖，振兴城市水利，防治和减少城市水患，把城市水体组成完整的水系。进行城市绿地规划和有水体的绿地设计时，都要了解城市水系现状与水系规划。

园林景观中水体的功能与城市水体有相同之处，主要体现在以下几个方面。

1. 排洪蓄水

城市水体是城市地面的排放水体，特别是暴雨来临、山洪暴发时，要求及时排除和蓄积洪水，防止洪水泛滥成灾；到了缺水的季节再将所蓄之水有计划地分配使用。景观园林中的水体是城市水体的组成与补充，在考虑园林水体时，应注意城市的排水功能与景观水体之间的协调关系，不要过分强调城市水体的排洪蓄水功能而影响景观水体的景观作用，更不能仅强调景观水体的景观作用而忽视水体排洪蓄水的基本功能。

2. 造景添景

大自然中的自然水体，如湖泊、池塘、溪流等，其边坡、底面均是天然形成的。而人工水体，如喷水池、游泳池等，其侧面、底面均是人工构筑物。自然水体在城市景观中多作为基底或对其他景观起着衬托作用；人工水体的作用多体现在对水岸的改造，若能发挥出这类水体的景观作用，将会起到自然水体无法替代的作用。园林水体充分利用水的各种表现形式（如静水、流水、落水等），从而创造出各种不同的水景，表达设计师所创造的各种意境。例如，静水在月光或阳光下，水面波光粼粼，令人陶醉；利用压力水能创造出喷泉、涌泉、间歇泉等不同形式的水景，使景观焕发活力。

水的造景主要是对水的各类形态特征的刻画。如水的渊源、水的动与静、水面的聚和分等应符合自然规律，做到“小中见大”“以少胜多”，这也是理水的根本原则。

3. 改善城市的环境、调节城市的微气候

水体在增加空气的湿度和降温方面有显著的作用，水体面积越大，作用越明显。其不但可以改善风景园林内部的小气候条件，而且对周围生态环境和水体本身也有所改善。

4. 开展水上各类活动与游览

水体因水而活，带给人们无穷的乐趣。水有特殊的魅力、动人的质感以及不同的音响效果，很多世界名城利用天然河流和其他水域开展水上游览，这不仅给城市带来活力，更改善了城市风光，同时也可提供一些水上活动场所，线形的水体还能起到组织空间的作用。

5.6.3　水体的平面表示方法

水体是景观设计中重要的组成要素，掌握好水体的绘制方法，可使景观设计制图更加生动。水体虽然形式多样，但都是由水面和岸线组合而成的。在平面图上，以岸线围合水面组成的水体表达了水体在园林绿地中的相对位置和形状；立面图或剖面图则表达出水体岸线的组成结构和水域的深浅。

水体的表示方法一般有线条法、等深线法、平涂法和添景物法。前三种方法为直接的水面表示法，最后一种方法为间接表示法（见图 5-52）。

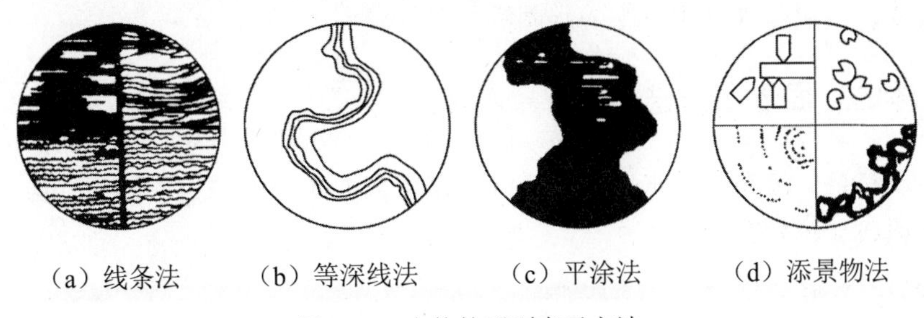

（a）线条法　（b）等深线法　（c）平涂法　（d）添景物法

图 5-52　水体的平面表示方法

1. 线条法

用工具或徒手排列的平行线条表示水面的方法称为线条法（见图 5-53）。画图时，既

可以将整个水面全部用线条均匀地布满，也可以局部留有空白，或者只局部画一些线条。线条可采用波纹线、水纹线、直线或曲线。组织良好的曲线还能表现出水面的波动感。静水面多用水平直线或小波纹线表示；动水面多用大波纹线、鱼鳞纹线等活泼动态的线型表示。

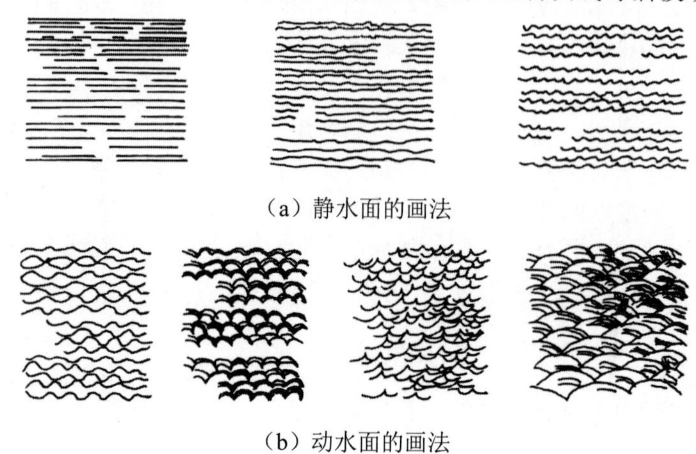

（a）静水面的画法

（b）动水面的画法

图 5-53　线条法

2．等深线法

此方法以岸线为基准，根据实际岸线的曲折绘制两到三根曲线，这种类似等高线的闭合曲线称为等深线。通常形状不规则的水面用等深线法表达。采用等深线法时，河岸线应加粗。

3．平涂法

用墨水平涂来表示水面的方法称为平涂法。平涂时，可先用铅笔画线稿，然后采用退晕的方法，一层一层地进行渲染，使离岸近的水面颜色较深，也可不考虑深浅，均匀平涂。

4．添景物法

添景物法是利用与水面有关的一些内容表示水面的一种方法。与水面有关的内容包括水生植物（如荷花、睡莲）、水上活动工具（船只等）、码头和驳岸、露出水面的石块及周围的水纹线、石块落入湖中产生的水圈等。

5.6.4　水体的立面表示方法

景观出现喷泉、瀑布、跌水等水体时，常采用立面表示方法。水体的立面表示方法包括线条法、留白法、光影法等。

1．线条法

线条法是用细实线或虚线勾画出水体造型的一种水体立面表示方法。线条法在工程设计图中使用得最多。用线条法画图时应注意：线条方向与水体流动的方向保持一致；水体造型清晰，但要避免外轮廓线过于呆板生硬（见图 5-54）。

2．留白法

留白法是指将水体的背景或配景画暗，从而衬托出水体造型的表示方法。留白法常用于表现所处环境复杂的水体，也可用于表现水体的洁白与光亮，或者呈现水体的透视效果和鸟瞰效果（见图 5-55）。

图 5-54　线条法表现水体立面效果

图 5-55　留白法表现水体立面效果

3．光影法

用线条和色块综合表现出水体轮廓和阴影的方法称为光影法。色块的颜色多为黑色或深蓝色，采用这种方法可以突出水体的轮廓和阴影（见图 5-56）。留白法与光影法主要用于效果图中。

图 5-56　光影法表现水体立面效果

5.7　景观施工图的识读

5.7.1　景观设计程序

景观设计要经过景观方案设计和景观施工两个阶段。景观方案设计是根据设计要求，将景观设计构思以图纸的形式表达出来的过程。所绘制的图纸称为景观设计施工图。景观方案设计程序主要包括承接设计任务、制定设计计划书、研究和分析项目情况（基地分析图）、设计构想（包括构想图、设计表现等）、施工图及相关文本说明。

1．承接设计任务、制定设计计划书

当拿到甲方任务书后，马上要做的就是研究及收集资料。此阶段的资料有一些现场

图片，如一块基地或建筑物的尺度、植栽、土壤、气候、排水、视野、当地风俗及其他因素等。

2. 研究和分析项目情况

在设计前，必须准备分析和设计所需要的基本图纸（现状图）。图中应包含产权线（红线）、地形状况、现有植物、水体、建筑、道路等。然后根据设计任务结合现状进行综合分析。配合适当的手绘分析图，可更有利于向甲方陈述方案的大致构想及建议。

3. 设计构想

设计构想包括功能分区分析图、总体设计草图、局部小品设计图等。基本概念设计阶段是探讨初期的设计构想和机能关系的阶段。此阶段的图也可称为机能示意图、节点分析图。大多是手绘的表现分析图。

4. 设计表现

虽然初步设计的图面通常是随意的，但它们仍需要表现出明确的形状、材料及空间，便于设计者自我评估和与甲方交流。一般来说，较精致的表现图必须真实可信，包括总平面设计图及透视小品图等，都应具有很强的说明性。

在这一阶段，明确的构想开始成形。这些表现图便于设计者与甲方沟通、讨论并对后期设计方案提供反馈信息。此阶段的图包括一些最初设计图、分析图、主要规划平面图及一些手绘透视效果图，通常把这些图整理成册（即方案本）。

5. 施工图

施工图是设计者设计意图的体现，也是施工、监理、经济核算的重要依据。景观施工图设计是景观设计众多层次中的最后一道设计程序。景观施工图设计结束，标志着主体设计阶段的完成。景观施工图设计是从设计阶段向施工阶段过渡的中间环节，是联系设计与施工的纽带，也是工程顺利实施的基本前提。其目的是用图纸与文字说明清楚地表述施工方法与程序。所以，景观施工图在整个项目实施过程中占有举足轻重的作用。景观施工图绘制不仅是按规范要求进行的施工工艺表达，更是一种创造思想的反映。

在景观施工中，必须具备系列施工说明图纸，以供各种承包商参考。为了详细说明构造的细部设计，需要系列的显示构件精确尺寸、形状、数量、材料及位置等的精确图纸，即施工图。景观方案设计阶段的施工图由首页图（包括图纸目录、设计说明等）、基本图（包括总平面图、立面图、剖面图、景观分析图）和景观详图三大部分组成。

景观工程涉及的专业很多，所以施工图的内容也比较复杂，包括景观绿化、建筑、结构、给水排水、电气等，具体图纸如下。

（1）文字部分：封面、目录、总说明、材料表等。

（2）施工放线：施工总平面图、各分区施工放线图、局部放线详图等。

（3）土方工程：竖向设计施工图、土方调配图。

（4）建筑工程：建筑设计说明、建筑构造做法一览表、建筑平面图、立面图、剖面图、

建筑施工详图等。

（5）结构工程：结构设计说明、基础图、基础详图、梁柱详图、结构构件详图等。

（6）绿化施工图：植物种植设计说明、植物材料表、种植施工图、局部施工放线图、剖面图等。如果采用乔木、灌木、草丛多层组合分层种植，应绘制分层种植施工图。

（7）电气工程图：电气设计说明、主要设备材料表、电气施工平面图、施工详图、系统图、控制线路图等。大型工程应按强电、弱电、火灾报警及其智能系统分别设置目录。

（8）给水排水工程：给水排水设计说明，给水排水系统总平面图、详图，给水、消防、排水、雨水系统图，喷灌系统施工图。

景观施工图是指导景观工程现场施工的技术性图纸，其类型较多，但是绘制要求基本一致。施工图平面尺寸以 mm 为单位，高程以 m 为单位，数字要求精确到小数点后两位，具体的线型要求与相关图纸的绘制相同。不同施工图所采用的比例不同（见表 5-3）。

表 5-3　景观施工图常用比例

图　　名	比　　例
现状图	1∶500、1∶1000、1∶2000
地理交通位置图	1∶25000～1∶200000
总体规划、总体布置、区域位置图	1∶2000、1∶5000、1∶10000、1∶25000、1∶50000
总平面图，竖向布置图，管线综合图，土方图，铁路、道路，平面图	1∶300、1∶500、1∶1000、1∶2000
场地园林景观总平面图、场地园林景观竖向布置图、种植总平面图	1∶300、1∶500、1∶1000
铁路、道路纵断面图	垂直：1∶100、1∶200、1∶500 水平：1∶1000、1∶2000、1∶5000
铁路、道路横断面图	1∶20、1∶50、1∶100、1∶200
场地断面图	1∶100、1∶200、1∶500、1∶1000
详图	1∶1、1∶2、1∶5、1∶10、1∶20、1∶50、1∶100、1∶200

5.7.2　景观施工图的要求

1．景观施工图总体要求

（1）景观施工图的设计文件要完整，内容、深度要符合要求，文字、图纸要准确清晰，图框、图例、字体、标注样式等要统一，整个文件要经过严格校审，能清晰表达设计者意图，符合规范和制图标准，可供施工单位施工。

（2）景观施工图设计应根据已通过的初步设计文件及设计合同书中的有关内容进行编制。内容以图纸为主，应包括封面、图纸目录、设计说明、图纸、材料表及材料附图等。

（3）施工图设计文件一般以专业为编排单位，各专业的设计文件应经严格校审、签字后方可出图及整理归档。

（4）图线、顺序、编号（标题栏）：同一类型要有相同的图别，按照顺序进行编号，如园林施工放线图—环施、园林植物配置图—绿施、给水排水施工图—水施等。编排顺序：

依据内容，可按总体、分布、详图排序，或者按照分区进行排序。

（5）尺寸标注方法和索引要符合《房屋建筑制图统一标准》（GB/T 50001—2010）的规定。

2．景观施工图目录

对于大中型项目，应按照以下专业进行图纸编号：园林、建筑、结构、给水排水、电气、材料附图等。对于小型项目，可以按照以下专业进行图纸编号：园林、建筑及结构、给水排水、电气等。每一张专业图纸都应该对图号加以统一标示，以方便查找，例如，建筑结构施工图可以缩写为“建施（JS）”，给水排水施工图可以缩写为“水施（SS）”，种植施工图可以缩写为“绿施（LS）”等。

3．景观施工图总说明

在每一套施工图集的前面都应针对这一工程和施工过程给出总体说明。

1）具体内容

（1）设计依据及设计要求：应注明采用的标准图集和依据的法律规范。

（2）设计范围。

（3）标高及标注单位：应说明图纸文件中采用的标注单位，采用的是相对坐标还是绝对坐标，如果是相对坐标，则需说明采用的依据以及与绝对坐标的关系。

（4）材料选择及要求：对各部分材料的材质要求及建议，一般应说明的材料包括饰面材料、木材、钢材防水疏水材料、种植土及铺装材料等。

（5）施工要求：强调需注意工种配合及对气候有要求的施工部分。

（6）经济技术指标：包括施工区域总的占地面积，绿地水体、道路铺地等的面积及占地百分比、绿化率及工程总造价等。

除了总说明，在各个专业图纸之前还应该配备专门的说明，有时施工图中还应配有适当的文字说明。

2）总说明示例

（1）一般说明。

① 本工程以建设单位提供的现有用地主干道标高为本工程设计±0.000。

② 本工程图纸所有标注尺寸，除总平面及标高以 m 为单位外，其余均以 mm 为单位。

③ 本工程给水排水、电气、动力等设备管道穿过钢筋混凝土或砌体，均需预埋或预留孔，不得临时开凿，并应密切配合各工种施工。

④ 本工程施工图所示尺寸与实际不符时，以实际尺寸为准或者与设计人员现场核实。

⑤ 图中未详尽之处，须严格按照国家现行的工程施工及验收规范和工程所在地的法规执行。

⑥ 本套施工图分类编号如下：总平面图为 ZS，绿化图为 LS，给水排水施工图为 SS，配电图为 DS，建筑结构施工图为 JS。

（2）基础部分。

① 本工程现浇混凝土基础没有特别说明的均用 C20 钢筋混凝土。

② 垫层：100mm 厚 C10 素混凝土垫层。基层密实度不应小于 93%（重击实标准），回弹模量不应小于 80MPa。

③ 土基密实度不应小于 90%（重击实标准），回弹模量不应小于 20MPa。

（3）普通砌体。M7.5 水泥砂浆，MU7.5 砖砌筑，如砖砌体标高在±0.00 以下或作为水体驳岸，水泥砂浆应用 M10。

（4）混凝土。本工程图示构筑物如无特别说明，全部采用 C20 混凝土。

（5）面层。

① 垂直挂贴。普通挂贴：1∶2.5 水泥砂浆打底，20mm 厚原浆找平，纯水泥砂浆贴面材。石材挂贴：1∶2.5 水泥砂浆，30mm 厚分层灌浆，石材背面用双股 16 号铜丝和石材绑扎后，用膨胀螺栓固定。

② 水平铺贴。干铺：1∶3 干性水泥砂浆 20mm 厚，原浆找平，2mm 厚纯水泥粉（洒适量清水）干铺面材。湿铺：1∶2.5 水泥砂浆 20mm 厚，原浆找平，适量纯水泥浆贴面材。以上内容完成后，除特别注明外，均用 1∶2 水泥砂浆填缝，纯水泥砂浆刮平。

（6）防水。图中如果没有特别说明，统一采用 1∶2 防水砂浆。

（7）木构件。本工程户外木构件全部采用经防腐、脱脂、防蛀处理后的平顺板材、枋材。上人木制平台选用硬制木。原色木构件须涂渗透性透明保护漆两道，凡属上人平台的户外木结构，表面涂耐磨性透明保护漆两道。

（8）铁件。所有铁件预埋、焊接及安装时须除锈，清除焊渣毛刺，磨平焊口，刷防锈漆（红丹）打底，露明部分一道，不露明部分两道。除特别注明外，铁件面喷涂黑色油漆一道。

（9）变形缝。建筑面层材料按每 6.0m 设变形缝一道，混凝土结构沿长度每 30m 设变形缝一道。

（10）其他做法说明。

① 按照各分项图纸的要求做好场地及道路系统的排水坡度，绿地与道路交接处均比道路低 3cm，其他按等高线与标高设计进行施工。

② 块面料的贴缝处理除图纸有特别注明外，石板材均用原色水泥勾缝处理。

5.7.3　景观设计总平面图与施工总平面图

1. 景观设计总平面图及施工总平面图概述

总平面图是规划基地范围内的总体布置图。将红线范围内的新建、拟建、原有和拆除的建筑物、构筑物连同其周围的地形地物状况（如地形、山石、水体、建筑及植物等），用水平投影方法和相应的图例表示出来，即为总平面图，又称总平面布置图。它是反映景观工程总体设计意图的主要图纸，也是绘制其他图纸及造园施工的依据。

景观施工总平面图需要表现整个基地内所有组成成分的平面布局、平面轮廓等，也是其他园林施工图绘制的基础和依据。通常，施工总平面图中还需要绘制施工放线网格，作为园林景观施工放线的依据。

另外，总平面仅用一张图纸是表达不完全的，它需要一系列图纸来表达，除了总平面图，通常还有总平面分区图（见图 5-57）、尺寸图、高程图等其他需要表达的图纸，它们是对总图区域划分、尺寸、高程等内容的表达，能够使总平面图更加完善。

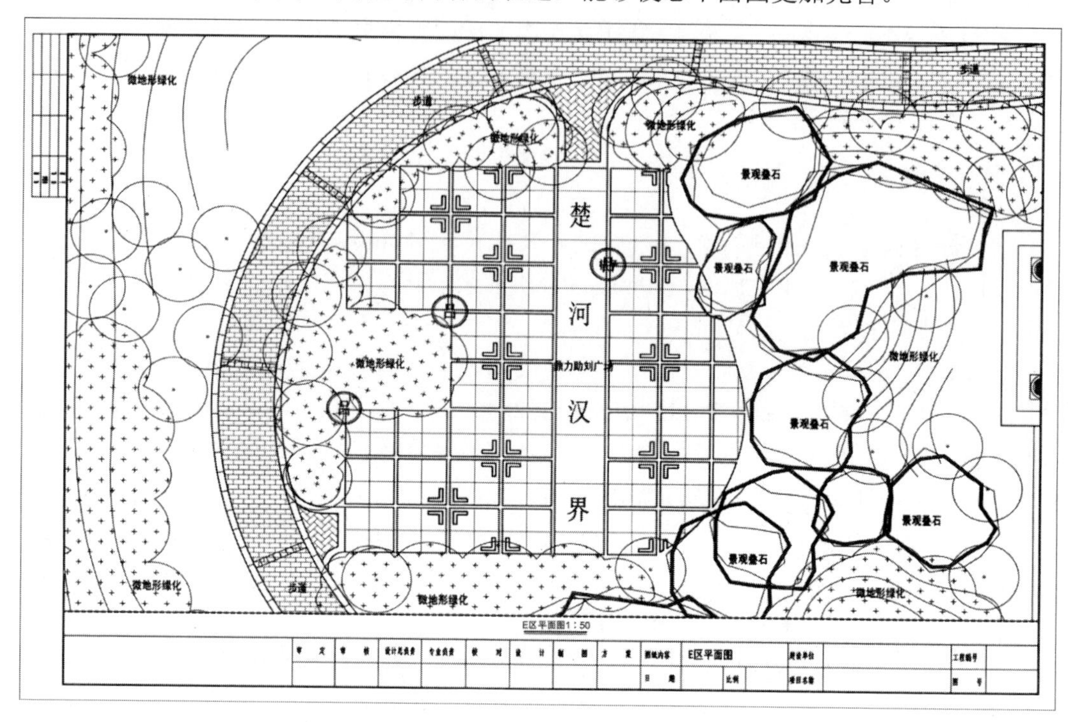

图 5-57　某公园总平面分区图

2．总平面图的内容

1）建筑要素表示

建筑的总体布局（见图 5-58），如拨地范围，各建筑物和构筑物的位置，道路、管线的布置等；确定建筑物的平面位置，依据原有建筑物及道路来进行定位，用定位坐标确定建筑及道路的转折位置；相邻有关建筑、拆除建筑的位置或范围；附近的地形、地物和建筑周围的绿化布置，如等高线、道路、水沟、河流、池塘、土坡等；道路和明沟等的起点、变坡点、转折点、终点的标高与坡向箭头；指北针表示建筑的朝向，风向玫瑰图表示常年风向频率和风速；建筑物使用编号时，应列出名称编号表；管线布置。

2）景观要素表示

地形表示：地形的高低变化及其分布情况通常用等高线表示。地形等高线用细实线绘制，原地形等高线用细虚线绘制，设计平面图中的等高线可以不注高程。景观施工总平面图中应包括地形的主要控制点坐标、标高及控制尺寸。

景观建筑：在大比例图纸中，对有门窗的建筑，可采用通过窗台以上部位的水平剖面图来表示；对没有门窗的建筑，采用通过支撑柱部位的水平剖面图来表示。用粗实线画出断面轮廓，用中实线画出其他可见轮廓。此外，也可采用屋顶平面图来表示（仅适用于坡屋顶和曲面屋顶），用粗实线画出外轮廓，用细实线画出屋面，对花坛、花架等景观小品用细实线画出投影轮廓。在小比例（1∶1000 以上）图纸中，只需用粗实线画出水平投影外轮廓线。

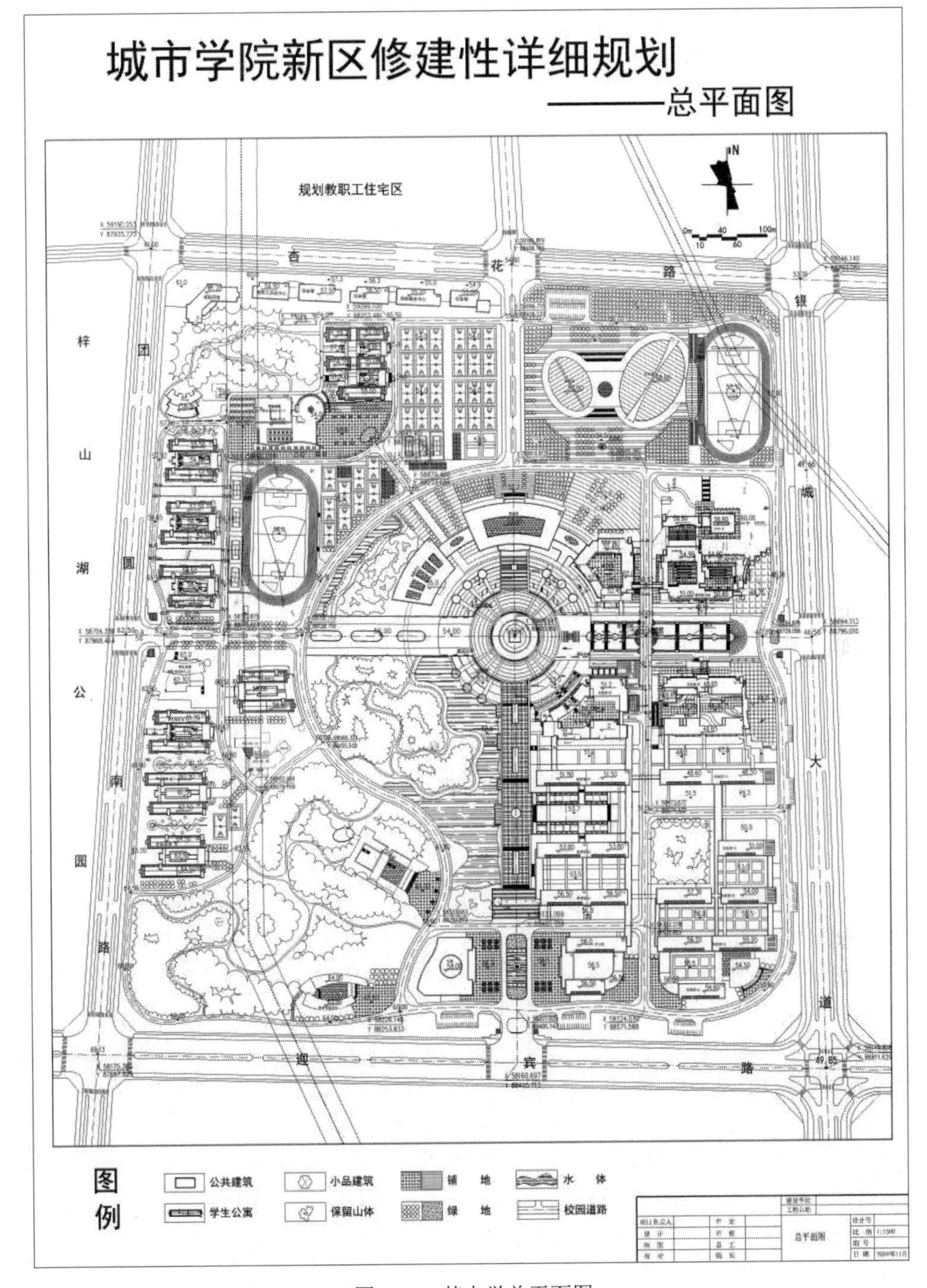

图 5-58　某大学总平面图

水体表示：水体一般用两条线表示，外面的一条线表示水体边界线（即驳岸线），用特粗实线绘制；里面的一条线表示水面，用细实线绘制。景观施工总平面图中应包括水体的主要控制点坐标、标高及控制尺寸。

山石表示：山石均采用其水平投影轮廓线概括表示，以中粗实线绘出边缘轮廓，以细实线概括绘出纹理。

园路表示：园路用细实线画出路缘，对铺装路面也可按设计图案简略示出。景观施工总平面图中应包括道路、铺装的位置、尺度、主要点的坐标、标高及定位尺寸。

植物表示：景观植物由于种类繁多、形态各异，在平面图中无法详尽地表达，一般采用图例概括表示，施工图中需表示出植物的种植区轮廓，所绘图例应区分出针叶树、阔叶树、常绿树、落叶树、乔木、灌木、绿篱、花卉、草坪、水生植物等；对常绿植物，在图例中应画出间距相等的细斜线。但在实际绘图过程中，有时为了更清晰简便地表示植物，只把其分为三类（即三层）：地被植物、灌木、乔木。

绘制植物平面图图例时，要注意曲线过渡自然，图形应形象、概括。树冠的投影要按成龄以后的树冠大小绘制。成龄的树冠冠径为4～15m。

总平面图所表示的区域一般都较大，因此，在实际工程中常采用较小的比例绘制，如1∶500、1∶1000、1∶2000等。总平面图上所标注的尺寸一律以m为单位。有些物体尺寸较小，若按其投影绘制则有一定难度，故在总平面图中需用国家标准规定的图例表示。

3．标注定位尺寸或坐标网

设计平面图中的定位方式有两种，一种是根据原有物体定位，标注新设计的主要景物与原有景物之间的相对距离；另一种是采用直角坐标网定位。对于较为复杂的工程，为了保证施工放线的准确度，在景观施工图中往往采用坐标定位。直角坐标网有建筑坐标网（施工坐标网）和测量坐标网两种标注方式。建筑坐标网是以工程范围内的某点为零点（相当于相对坐标），再按一定距离画出网格，建筑坐标网的水平方向为*B*轴，垂直方向为*A*轴，便可确定网格坐标（见图5-59）。测量坐标网是根据景观所在地的测量基准点的坐标，确定网格的坐标，相当于绝对坐标，东西方向为*y*轴，南北方向为*x*轴。测量坐标应画成交叉十字线，坐标网格用细实线绘制，一般绘制成100m×100m或者50m×50m的方格网，当然大小也可以根据需要调整，对于面积较小的场地，也可以采用5m×5m或者10m×10m的坐标网。此外，园林设计中往往存在很多不规则曲线，所以绘制园林施工总平面图时，还可以结合具体情况对网格间距进行局部调整。在此坐标网中，建筑的平面位置可由建筑三个墙角的坐标来定位。当建筑的两个主向平行于坐标轴时，标注出两个相对墙角的坐标即可。新建房屋的位置可由定位尺寸或坐标确定。定位尺寸应标明与其相邻的原有建筑物或道路中心线的距离（见图5-60）。

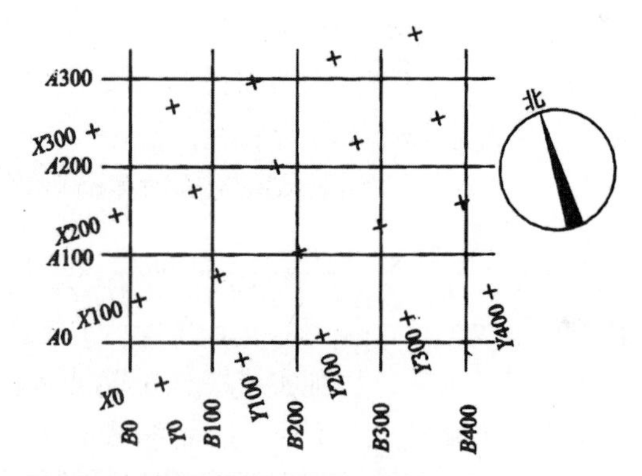

图5-59　建筑坐标网与测量坐标网的定位网格

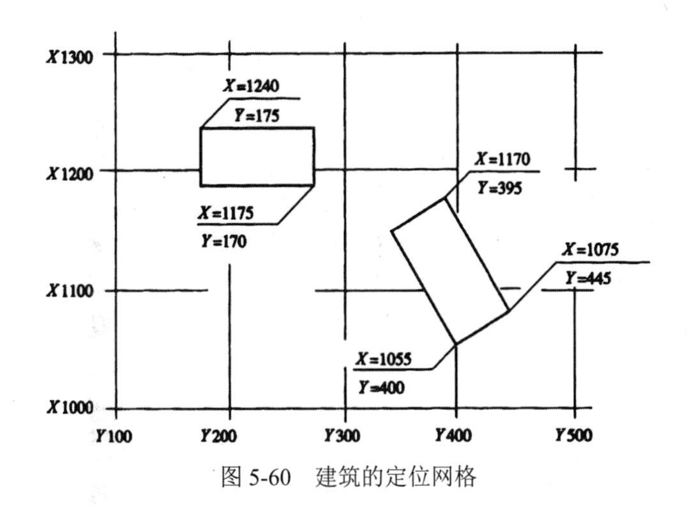

图 5-60　建筑的定位网格

4．绘制比例、风玫瑰图或指北针

为了便于阅读，景观设计平面图中宜采用线段比例尺。

平面图中的南北关系及方向常用风玫瑰图或指北针来表示。图纸应按照上北下南方向绘制，根据场地形状或布局，可向左或向右偏转，但不宜超过 45°。景观施工总平面图一般采用 1∶500、1∶1000、1∶2000 的比例绘制。

指北针的细实线圆直径一般为 24mm，指北针下端宽度为圆直径的 1/8 或为 3mm，在指北针的尖端应注写“北”字（见图 5-61）。风玫瑰图（见图 5-62）是根据当地多年统计的各个方向吹风次数的平均百分数值按一定比例绘制而成的，图例中用粗实线表示全年风频情况，虚线表示夏季风频情况，最长线段为当地主导风向。

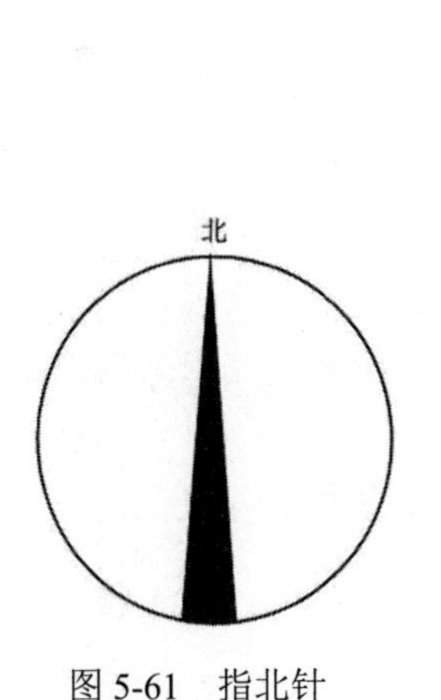

图 5-61　指北针

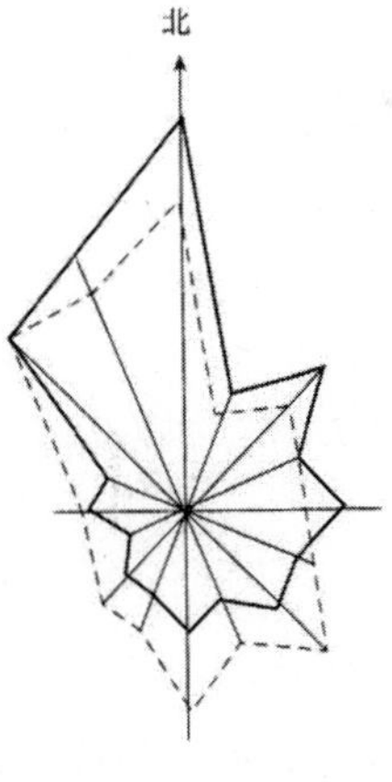

北

图 5-62　风玫瑰图

5．等高线和绝对标高

总平面图中通常画有多条等高线，以表示该区域的地势高低。它是计算挖方或填方以及确定雨水排放方向的依据。同时，为了表示每个建筑物与地形之间的高度关系，常在建筑平面图内标注首层地面标高。此外，构筑物、道路中心的交叉口等处也需标注标高，以表明该处的高程。

6．总平面设计深度

总平面施工图设计所考虑的因素包括：城市坐标网、场地建筑坐标网、坐标值、场地四界的城市坐标和场地建筑坐标（或标注尺寸）；建筑物、构筑物（人防工程、化粪池等隐藏工程以虚线表示）定位的场地建筑坐标（或相互关系尺寸）、名称（或编号）、室内标高及层数；拆除旧建筑的范围边界，相邻单位的有关建筑物、构筑物的使用性质、耐火等级及层数；道路、铁路和明沟等控制点（起点、转折点、终点等）的场地建筑坐标（或相互关系尺寸）和标高、坡向箭头、平曲线要素等；指北针、风玫瑰图。建筑物、构筑物使用编号时，列“建筑物、构筑物名称编号表”。说明栏内包括尺寸单位、比例、城市坐标系统和高程系统的名称、城市坐标网与场地建筑坐标网的相互关系、补充图例、施工图的设计依据等。

7．景观设计总平面图的绘制步骤

（1）用细实线绘制坐标网，绘制主要道路和次要道路，形成景观的结构框架。

（2）绘制景观中的建筑、小品、水体及地形等元素。

（3）确定植物的位置和数量，根据不同的景观元素和制图线型的要求，调整线型粗细。

在设计平面图中，水体边界用粗实线表示，沿水体边界线内侧用细实线表示出水面，建筑物用中实线表示，道路用细实线表示，地下管道或构筑物用中虚线表示。

进行尺寸标注和文字标注，书写图名，绘制比例和指北针等。

8．景观施工总平面图的绘制

1）景观施工总平面图的绘制步骤

绘制设计平面图；根据需要确定坐标原点及坐标网格的精度，绘制测量和施工坐标网；标注尺寸、标高；绘制图框、比例、指北针，填写标题、标题栏、会签栏，编写说明及图例表。对于面积较大的施工区域，除了绘制景观施工总平面图，还要绘制景观分区施工放线图和局部放线详图，它们与景观施工总平面图的作用相同，都是为了提高景观施工放线的精确度，其绘制的内容、要求和方法也比较相似，只不过在某些方面略有差异。

2）景观施工总平面图绘制的注意要点

为了方便阅读、避免混乱，景观分区施工放线图和局部放线详图一般不用绘制植物，仅将道路、景观小品等绘制出来即可（见图 5-63）。

景观分区施工放线图和局部放线详图的绘图比例根据需要选定，一般不应小于 1∶500。景观分区施工放线图和局部放线详图通常以 mm 作为距离标注单位。

绘图网格一般采用 5m×5m 或者 10m×10m 的施工坐标网；一般标注施工坐标（相对坐标），但应给出与测量坐标（绝对坐标）的换算关系；尺寸标注、坐标标注要求更加细致、精确，通常坐标标注应精确到小数点后两位，标高标注精确到小数点后三位。

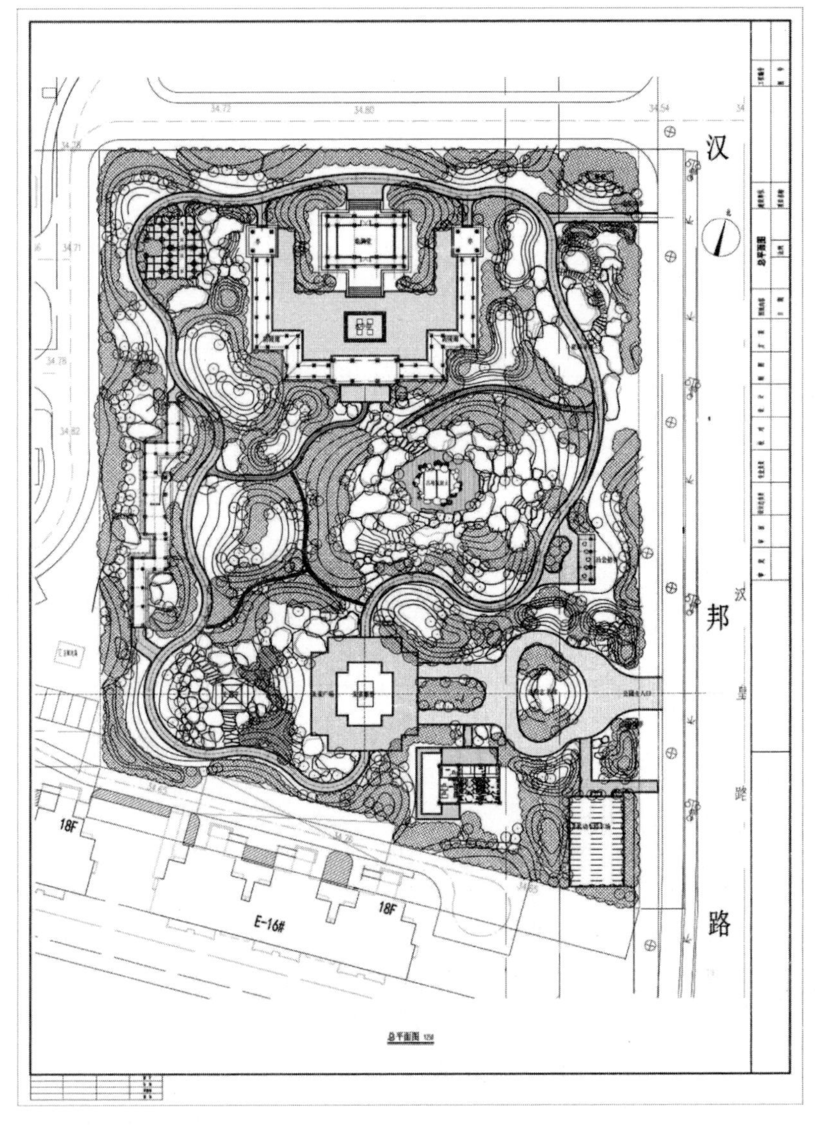

图 5-63　某公园景观施工总平面图

5.7.4　景观植物种植设计图

植被是构成园林的基本要素之一。景观植物种植设计图是表示植物位置、种类、数量、规格及种植类型的平面图，是组织种植施工和养护管理、编制预算的重要依据，并且对于景观施工组织、施工管理以及后期的养护都起到了很大作用。由于植物有层次之分，为了清楚地进行表达，一般将种植设计平面图拆分为乔木、灌木、地被植物三套图纸分别表达，也有将灌木和地被植物合并在一张图纸上的表达方法。

1．景观植物种植设计图的绘制内容

其绘制内容包括图名、比例、指北针、苗木统计表及施工说明。

1）编制苗木统计表

在图中适当位置列表说明所设计的植物编号、树种名称、拉丁文名称、单位、数量、规格、出圃年龄等（见图 5-64）。

序号	图例	名称	高 H/m	胸径/cm	冠幅/m	净干高/m	单位	数量	土球/cm	冠高	备注
1		白兰	＞3.0	6～7	＞1.2	1.5	株	5	ϕ60		假植苗
2		大叶紫薇	3.0～3.5	7～8	1.5	1.5	株	10	ϕ60		假植苗
3		黄槐	2.5～3.0	7～8	＞1.8	＜1.5	株	5	ϕ60		假植苗　全冠移植
4		尖叶杜英	4.5～5.0	8～9	自然冠形	＜1.5	株	6	ϕ70		假植苗　3 托以上
5		腊肠树	3.5～4.0	7～8	2.0	＜1.5	株	13	ϕ60		假植苗
6		南洋楹	4.5～5.0	9～10	＞2.0		株	4	ϕ80	＞2/3H	假植苗
7		盆架子	＞4.5	11～12	自然冠形	＜1.5	株	7	ϕ70		假植苗　3 托以上
8		秋枫	3.0～3.5	7～8	1.5～2.0	2.0～2.3	株	8	ϕ60		假植苗
9		铁刀木	3.0～3.5	7～8	1.5～2.0	2.0～2.3	株	3	ϕ60		假植苗
10		木棉	＞6.0	11～12	2.5～3.0	＜2.5	株	4	ϕ150	8 条轮枝以上	假植苗　自然冠形
11		木棉（大）	＞6.0	11～12	2.5～3.0	＜2.5	株	1	ϕ150	8 条轮枝以上	假植苗　自然冠形
12		盆架子（大）	5.5～6.0	30～35	2.0～3.0		株	1	ϕ180		假植苗
13		细叶榕（大）	＞6.0	50～55	4.0～4.5		株	1	ϕ150		
14		小叶榄仁	＞3.5	7～8	＞2.0	＜0.5	株	14	ϕ60	5 条轮枝以上	假植苗　自然冠形
15		鸡冠刺桐	3.0～3.5	6	2.5	＜1.5	株	6	ϕ60		假植苗
16		鸡蛋花	2.0～2.5	自然冠形	五级分枝	0.8～1.0	株	11	ϕ60	冠婆娑饱满	假植苗　黄花
17		桃花心	3.0～3.5	7～8	1.0～1.5	2.0～2.3	株	4	ϕ60		假植苗
18		唐竹	＞3.5	3～4			袋	49	ϕ50		袋苗

注：此表中的拉丁文名称省略了。

图 5-64　苗木统计表

2）施工说明

施工说明是指针对植物选苗、栽植和养护过程中需要注意的问题进行说明。

（1）说明景观植物种植位置，并通过不同图例区分植物种类以及原有植被和设计植被。

（2）利用引线标注每一组植物的种类、组合方式、规格、数量（或者面积）。

（3）园林植物种植点的定位尺寸，规则式栽植标注出株间距、行间距以及端点植物与参照物之间的距离；自然式栽植往往借助坐标网格定位。

（4）某些有特殊要求的植物景观还要给出这一景观的施工放样图和剖断面图（见图 5-65 和图 5-66）。

2．景观植物种植设计图的绘制要求

1）现状植物的表示

如果基地中有需要保留的植被，应使用测量仪器测出设计范围内保留植被种植点的坐标数据，叠加在现状地形图上，绘出准确的植物现状图，利用此图指导方案的实施。在施工图中，用乔木图例内加竖细线的方法区分原有树木与设计树木，再在说明中讲明其区别。

2）图例及尺寸标注

园林植物及其种植形式不同，其图例的表达方式也不相同。园林植物种植可分为点状种植、片状种植和草皮种植三种类型。从简化制图步骤和方便标注的角度出发，可用不同的方法进行标注。

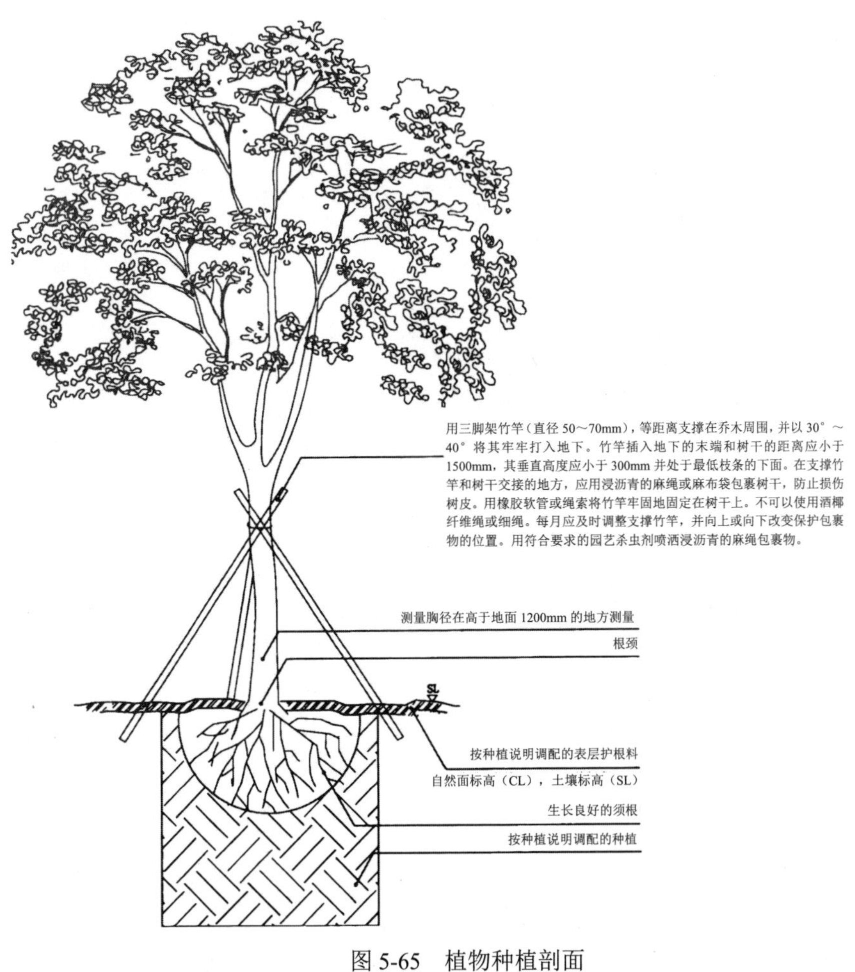

图 5-65　植物种植剖面

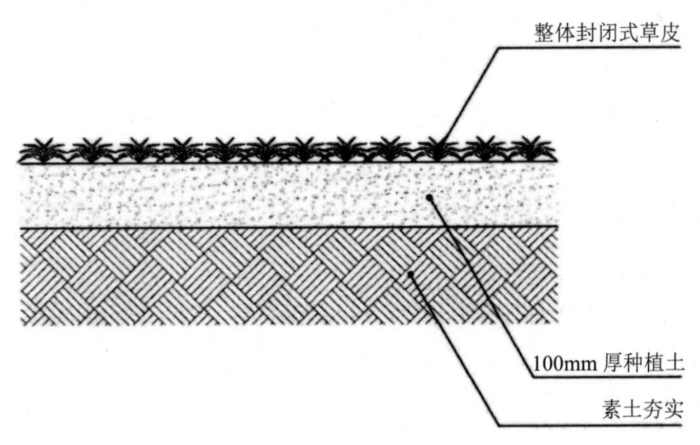

图 5-66　嵌草砖种植剖面

（1）自然式种植设计图。自然式种植设计图宜将各种植物按平面图中的图例绘制在所设计的种植位置上，并以圆点表示树干位置。为了便于区别树种和计算株数，应将不同树种统一编号或注明名称，标注在树冠图例内或用细实线引出注明（见图 5-67）。

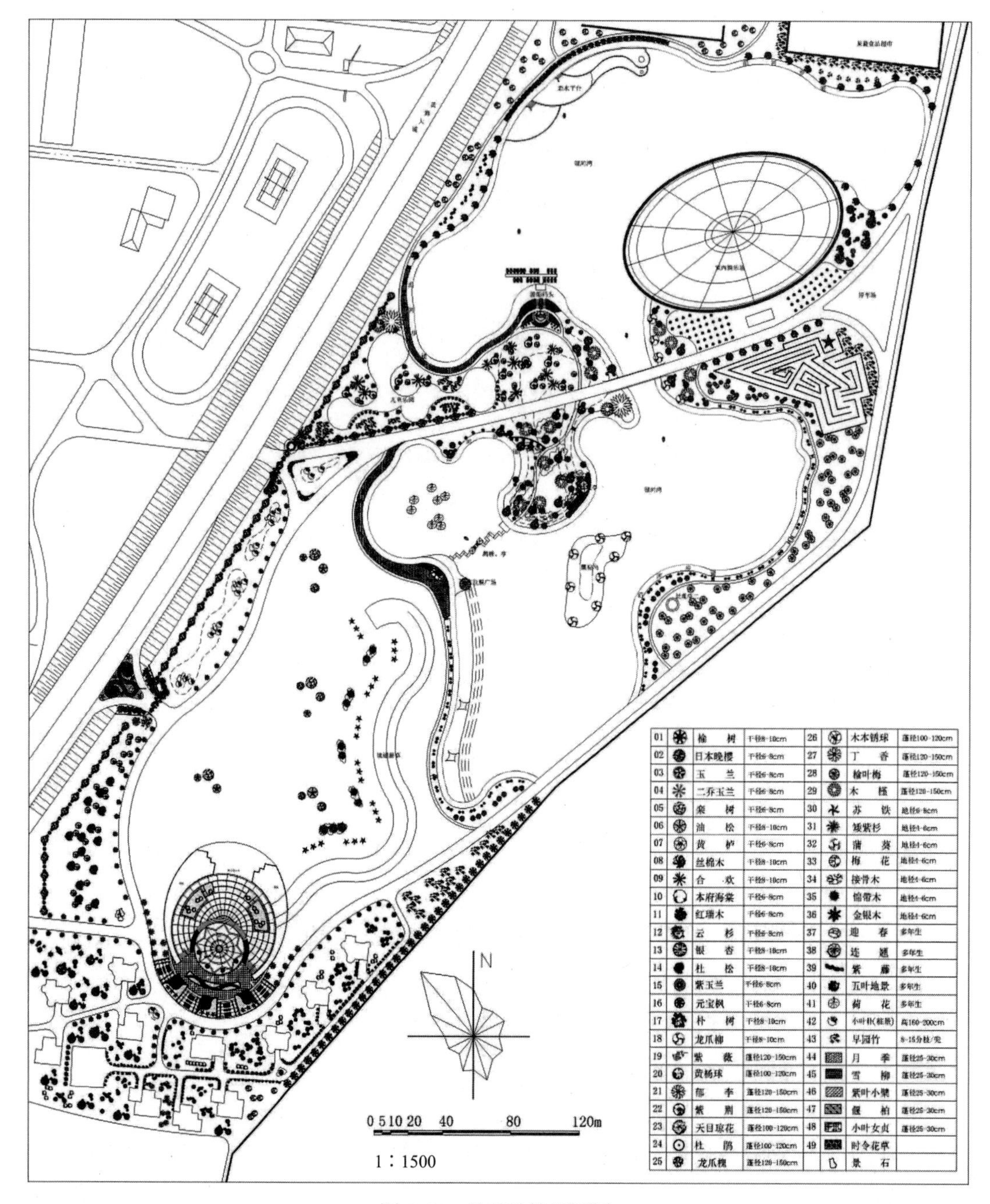

图 5-67　景观种植平面图

（2）规则式种植设计图。规则式种植设计图中，对单株或丛植的植物宜用圆点表示种植位置，对蔓生和成片种植的植物用细实线绘出种植范围，草坪用小圆点表示，小圆点应有疏有密，凡在道路、建筑物、山石、水体等边缘处应密布，然后逐渐稀疏。对同一树种用一种图例表示，尽量用粗实线连接起来，并用索引符号编号，索引符号用细实线绘制，圆圈上半部分写植物编号，下半部分注写数量，并排列整齐。

① 片植、丛植。施工图应绘出清晰的种植分割边界线，标明植物名称、规格、密度等。对于边缘线呈规则几何形状的片状种植，可用尺寸标注方法进行标注，为施工放线提供依据；对边缘线呈不规则曲线的片状种植，应绘制坐标网格，并结合文字进行标注。

② 草皮种植。草皮用打点的方法表示，应标明草种名及种植面积等。设计范围有大有小，技术要求有繁有简，如果只画一张平面图，很难表达清楚其设计思想与技术要求，制图时应区别对待。对于景观要求细致的种植局部，应绘制表达植物高低关系及造型样式的立面图、剖面图或标注文字说明。

除此之外，若出现种植层次较为复杂的区域，应绘制分层种植图，分别绘制上层乔木的种植施工图和中下层灌木、地被等的种植施工图，其绘制方法和要求与前面相同。

3）标注定位尺寸

自然式植物种植设计图宜用与设计平面图、地形图同样大小的坐标网确定种植位置；规则式植物种植设计图宜相对某一原有地上物，用标注株行距的方法确定种植位置。

4）其他

绘制比例、风玫瑰图或指北针，注写主要技术要求及标题栏。

5.7.5　景观设计立面图、剖面图

在景观施工时，往往需要更多比平面图显示直观的内容。在平面设计图中，除了使用阴影和层次外，没有其他更好的显示垂直方向的设计细部及其与水平物体之间关系的方法。只有剖面图和立面图才能达到这个目的，有时在景观设计中也将剖面图称为断面图。

景观设计立面图是场地范围内所有设计要素在某垂直方向上的正投影图。它和建筑立面图一样，可根据设计需要绘制多个立面图。景观设计剖面图是指对景观进行垂直剖切后沿某一剖视方向作正投影所得到的视图（见图 5-68）。

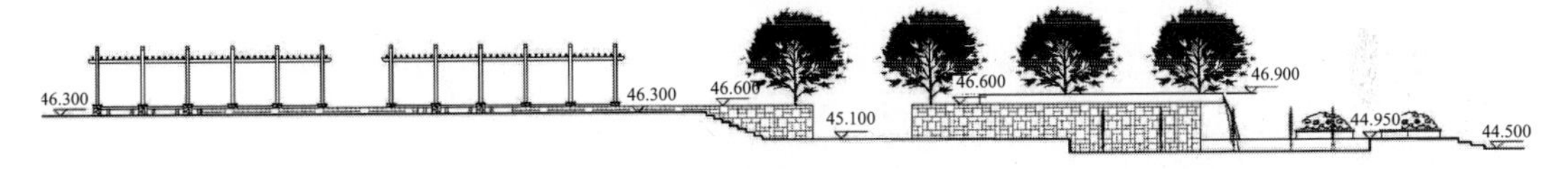

A—A 剖面图 1：100

图 5-68　景观设计剖面图

立面图和剖面图可强调各要素之间的空间组合关系；可显示平面中无法显示的设计内容及其大致尺度关系；可分析景观视野、研究地形地貌、显示景观资料以及做环境条件分析；可展示立面设计细部结构。例如，围凳树池的平面图和立面图可以表达其外形和各部分的组合关系（见图 5-69）。

1. 景观设计立面图的表达内容

景观设计立面图主要表达各元素的宽度、高度、造型及其与水平形状之间的对应关系，其绘制方法与要求如下。

（1）绘制地坪线。由于地形的变化，地坪线可能不是水平的。涉及水体时，应画出其

水位线。

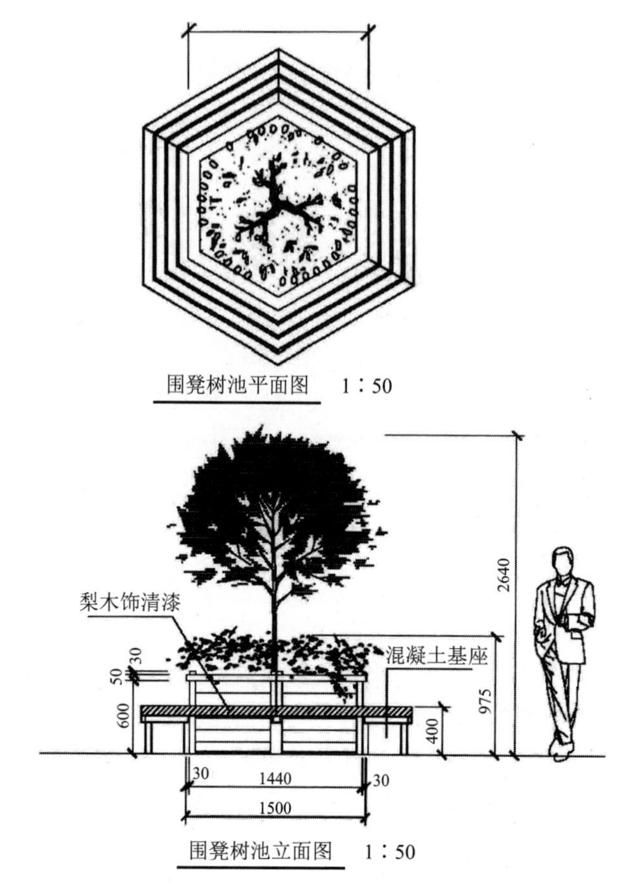

图 5-69 围凳树池的平面图和立面图

（2）根据立面图与平面图的对应关系，确定各设计元素在立面图中的位置。

（3）确定各设计元素的宽度和高度。

（4）根据设计意图描绘各设计元素的细部造型。按照前挡后的原则，擦去被遮挡部分。

（5）加深地坪线，建筑物或构筑物轮廓线次之，其余最细。

（6）绘制比例、注写图名等。对于主要建筑物或构筑物及地形显著变化处，应注写标高。

2．景观设计剖面图的表达内容

景观设计剖面图是指景观被假想的垂直剖切面切开后在某一方向上得到的投影图，其中会有一条明显的地形剖断线，主要表达基地范围内地形的起伏、标高的变化、水体宽度和深度以及建筑物或构筑物等的高度、造型。景观设计剖面图的绘制方法与要求如下。

（1）确定剖切位置和剖视方向。在设计平面图中绘制剖切符号，确定剖切位置和剖视方向并编号，也可在剖面图上说明其相对应的平面位置（见图 5-70）。

（2）绘制地形剖断线和地形轮廓线。地形剖断线用粗实线绘制，地形轮廓线用细实线

绘制。涉及水体时，应画出其水位线。其中，地形轮廓线可根据地形的复杂程度决定是否绘制。

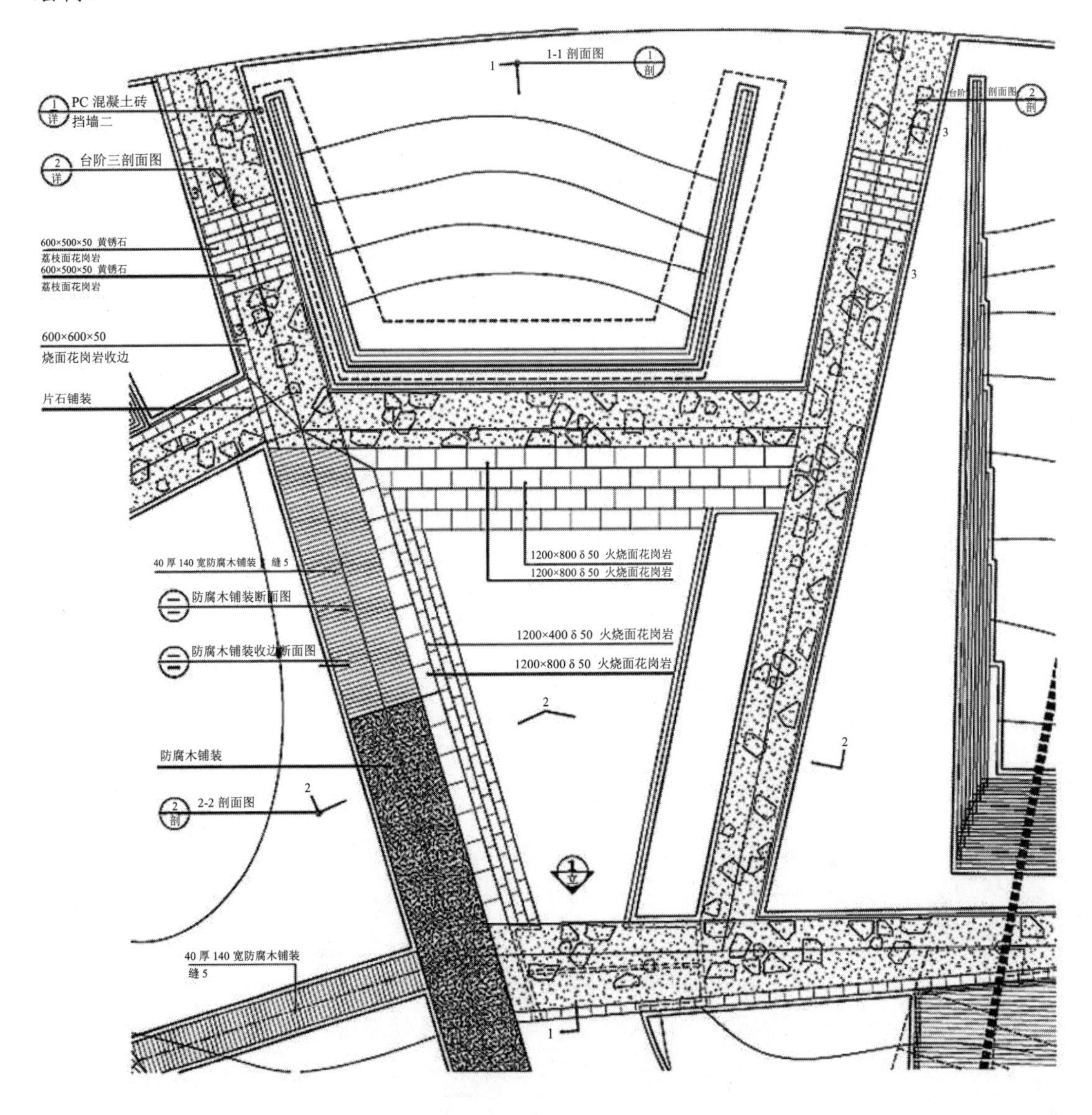

图 5-70　剖切位置的选取

（3）使用同一比例绘制所有垂直物体。将处于剖切位置线上的所有被剖切到的物体定点到地形剖断线上，并确定其垂直高度；将其他可见物体定点到地形轮廓线上，并确定其垂直高度。使用同一比例绘制的所有垂直物体，无论其距此剖面线有多远，都要绘制出来。确定垂直高度时，可以用与平面图相同的比例，也可放大 1.5～2 倍。

（4）按照设计思想描绘各垂直物体的剖面或立面。剖面图中，地形剖断线和被剖切到的建筑物的全体部分（墙体、柱子等）用粗实线绘制，其他位于剖切位置线上的和较近的物体用较粗的线条绘制，较远的物体用较细的轮廓线概括绘出。对于剖切到的或需进一步表达的景点、建筑物（或构筑物）等，以较大比例单独绘出平面图、立面图、剖面图。

（5）绘制比例、注写图名。对于主要建筑物或构筑物及地形显著变化处，应注写标高。

根据设计内容的多少与地形的复杂程度，一个设计平面图可绘制几个剖面图，从而更为准确地表达景观的内部情况。但应注意，剖面图的图名及编号应与平面图中剖切符号的编号一一对应（见图 5-71）。

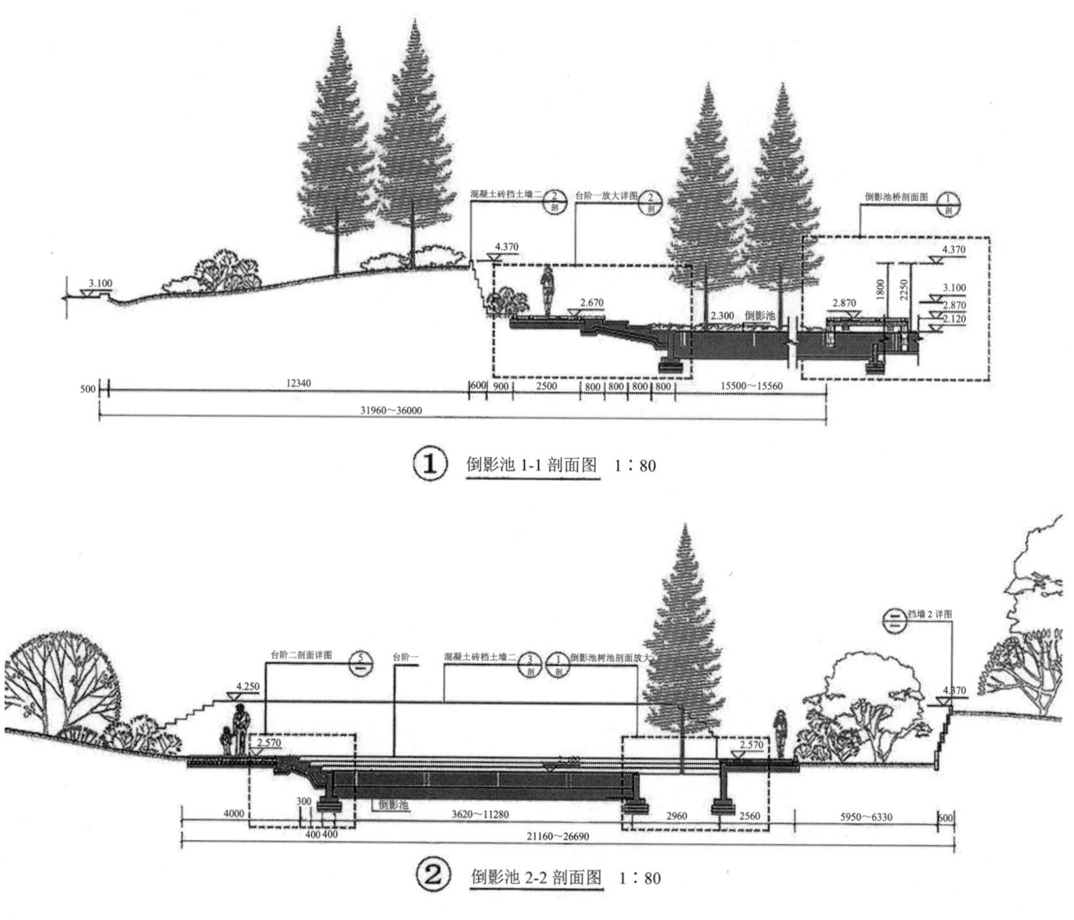

图 5-71　景观设计剖面图

5.7.6　景观设计详图

由于景观平面图、立面图、剖面图采用较小的比例绘制，景观设计的某些细部及构配件的详细构造和尺寸无法表达清楚。为了满足施工的要求，必须将这些部位的形状、尺寸、材料、施工工艺等用较大比例的图表达出来，作为景观设计平面图、立面图、剖面图的深化和补充，这种图称为景观设计详图（见图 5-72）。详图又称大样图、节点图。

景观设计详图能够表达装饰结构的细节、所用的装饰材料和规格、构造中各部分的连

接方法和相对的位置关系、各个组成部分的详细尺寸，包括标高、施工要求和工艺做法。

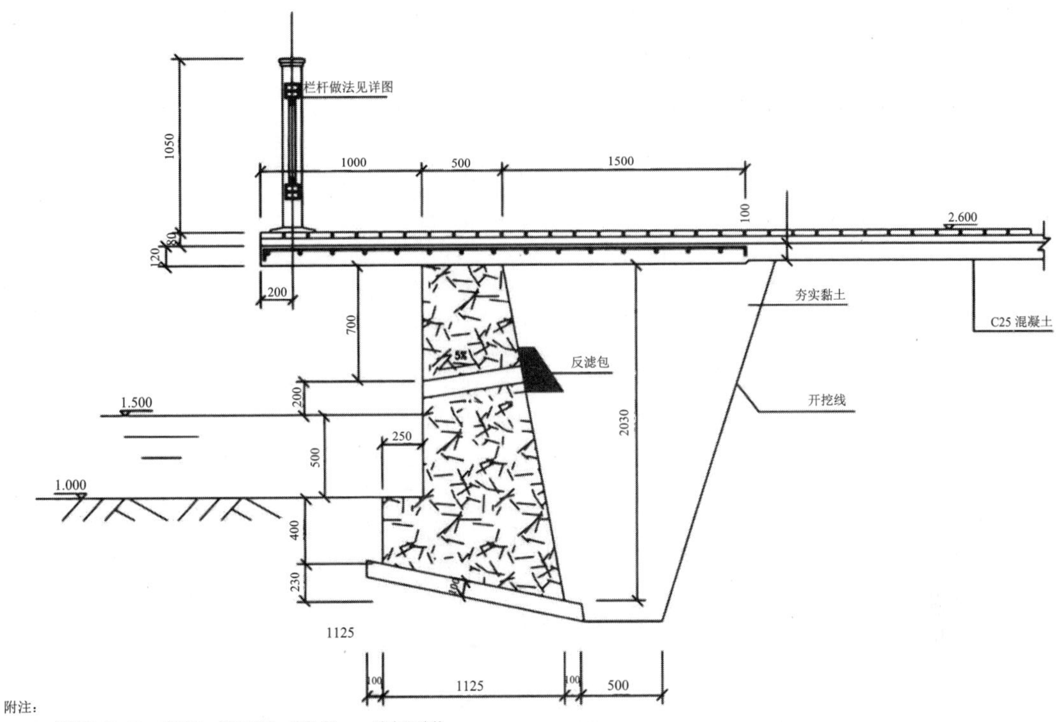

附注：

1. 每间隔 10～20m 应设置一道变形缝，缝宽 20mm。缝内沿墙的内、外、顶三边安装沥青木板，塞入深度不宜小于 200mm。
2. 驳岸顶用水泥砂浆抹平，厚度 20mm。外露面用 M10 水泥砂浆勾缝。
3. 驳岸毛石强度等级不得低于 MU30，采用 M7.5 级水泥砂浆砌筑。
4. 驳岸栏杆做法见栏杆详图。
5. 驳岸平台混凝土强度采用 C25。

驳岸剖面图　1：50

图 5-72　景观设计详图

本 章 小 结

本章介绍了景观设计的基本要素和图示方法。其中包括植物的表现方法、山石的表现方法、地形的表现方法、园路的表现方法、水体的表现方法等。此外，还详细描述了景观施工图中平面图、立面图、剖面图的形成原理、表达内容和绘制方法。通过本章的学习，读者可以掌握景观施工图的阅读和绘制技巧。

思考与练习

1. 景观施工总平面图

（1）根据图 5-73 所示的总平面网格图，按比例抄绘图纸。

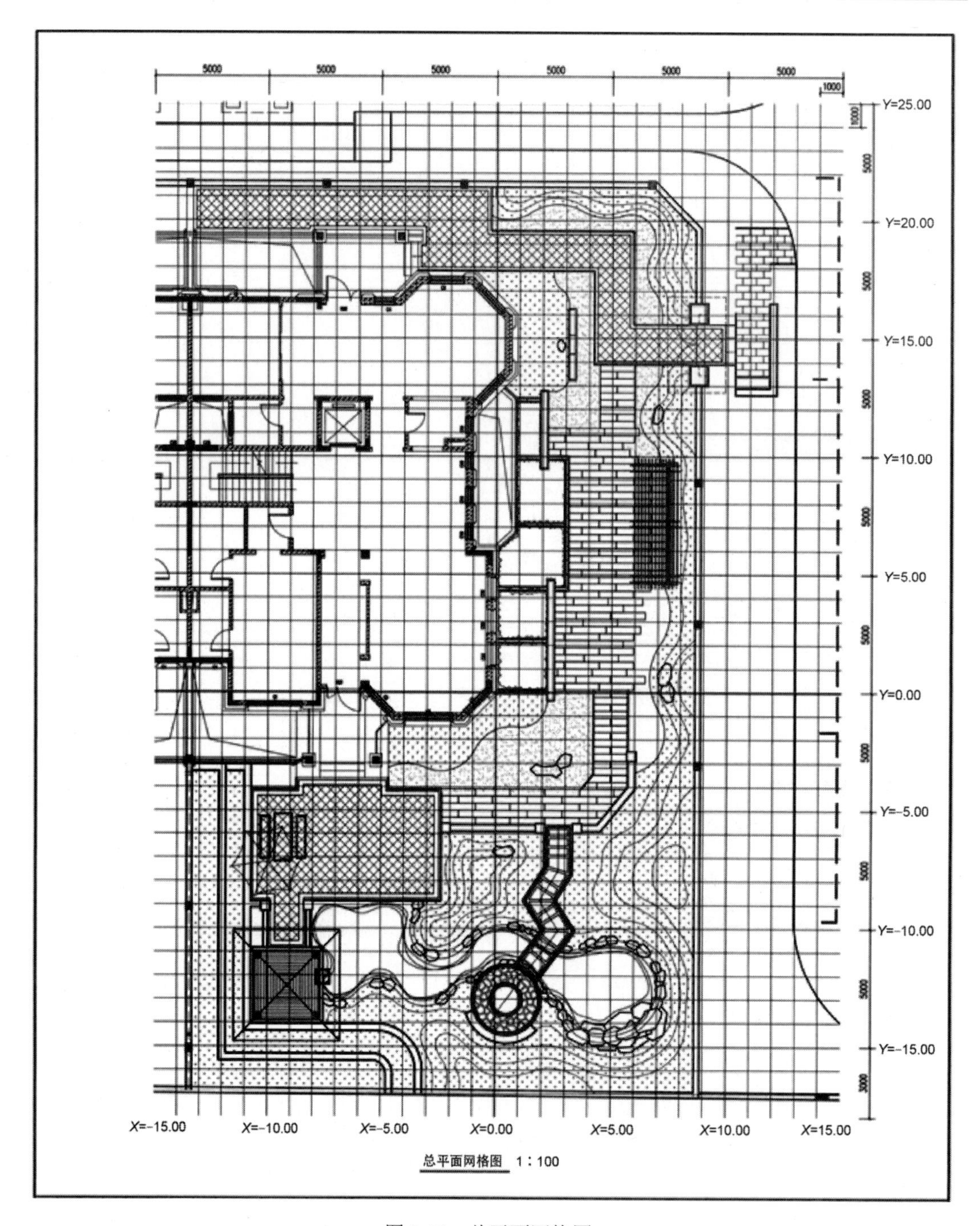

图 5-73　总平面网格图

（2）景观总平面种植施工图。

① 根据图 5-74 所示的景观总平面种植施工图，在图中找出常绿乔木的种类及数量，并在图中的相应位置分别标出。

② 根据图中所给出的图例，绘制 5cm 大小的图例标识。

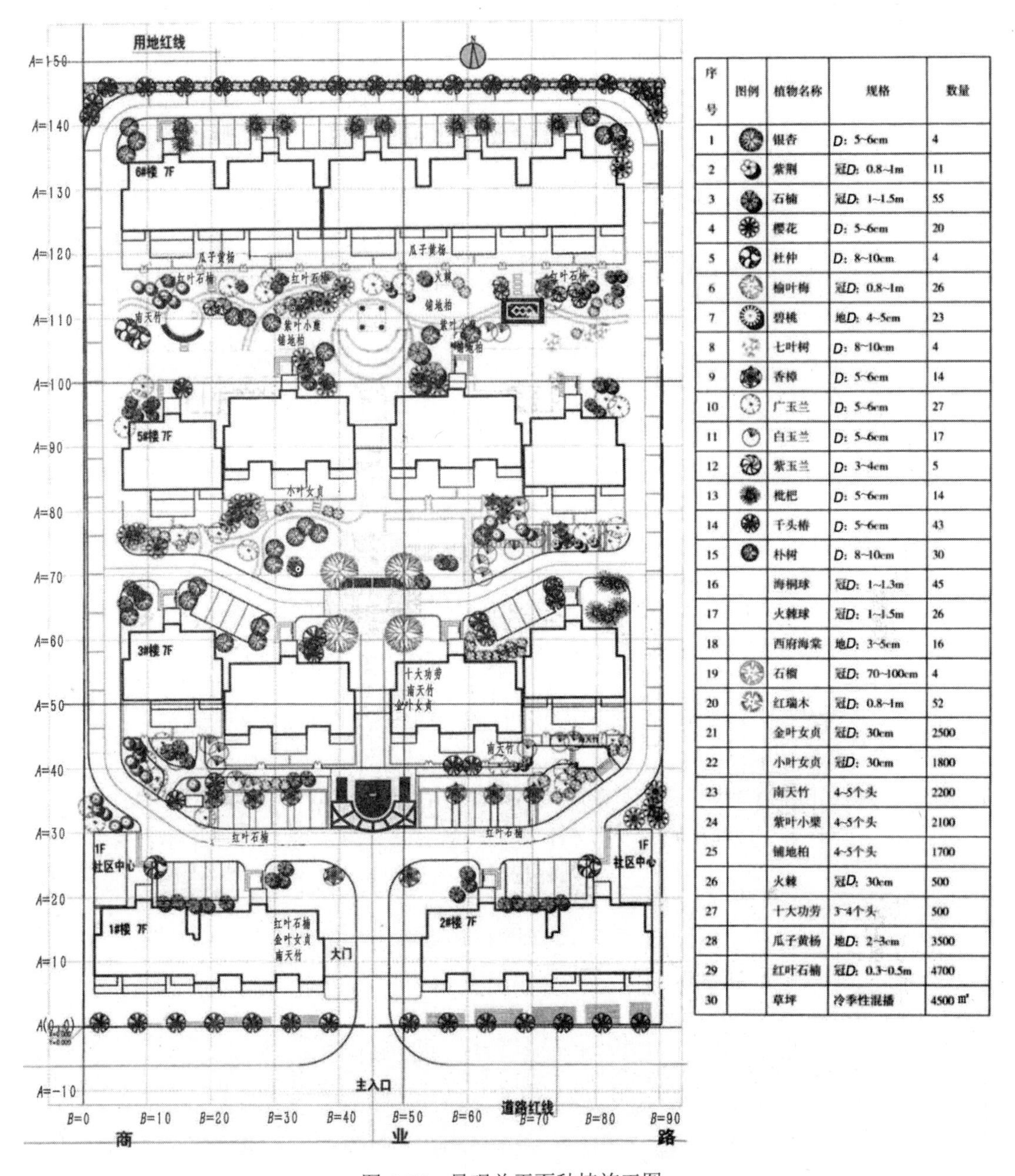

序号	图例	植物名称	规格	数量
1		银杏	D：5~6cm	4
2		紫荆	冠D：0.8~1m	11
3		石楠	冠D：1~1.5m	55
4		樱花	D：5~6cm	20
5		杜仲	D：8~10cm	4
6		榆叶梅	冠D：0.8~1m	26
7		碧桃	地D：4~5cm	23
8		七叶树	D：8~10cm	4
9		香樟	D：5~6cm	14
10		广玉兰	D：5~6cm	27
11		白玉兰	D：5~6cm	17
12		紫玉兰	D：3~4cm	5
13		枇杷	D：5~6cm	14
14		千头椿	D：5~6cm	43
15		朴树	D：8~10cm	30
16		海桐球	冠D：1~1.3m	45
17		火棘球	冠D：1~1.5m	26
18		西府海棠	地D：3~5cm	16
19		石榴	冠D：70~100cm	4
20		红瑞木	冠D：0.8~1m	52
21		金叶女贞	冠D：30cm	2500
22		小叶女贞	冠D：30cm	1800
23		南天竹	4~5个头	2200
24		紫叶小檗	4~5个头	2100
25		铺地柏	4~5个头	1700
26		火棘	冠D：30cm	500
27		十大功劳	3~4个头	500
28		瓜子黄杨	地D：2~3cm	3500
29		红叶石楠	冠D：0.3~0.5m	4700
30		草坪	冷季性混播	4500 ㎡

图 5-74 景观总平面种植施工图

2．景观小品施工图

（1）根据图 5-75 判断景观廊架的高度。

（2）按比例抄绘施工图。

① 假山立面图与剖面图（见图 5-76）。

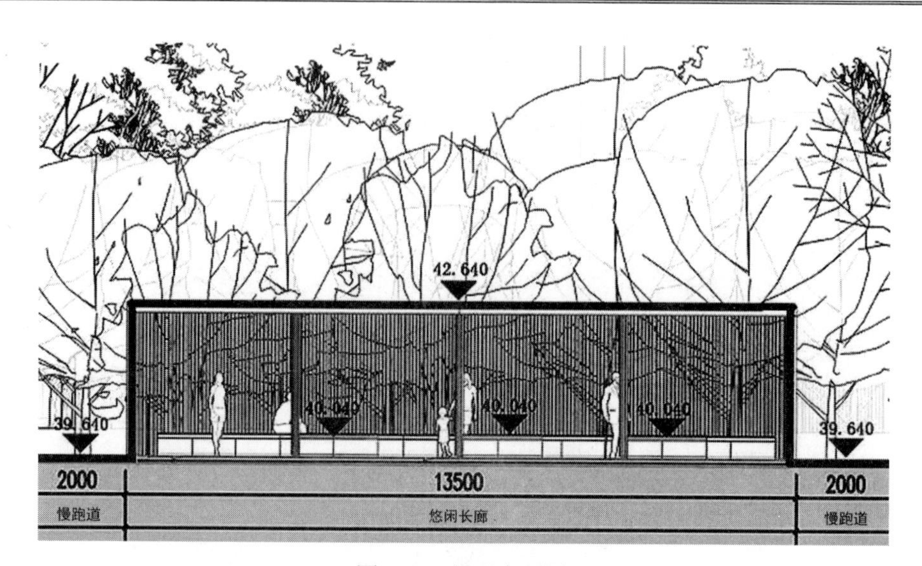

图 5-75　景观立面图

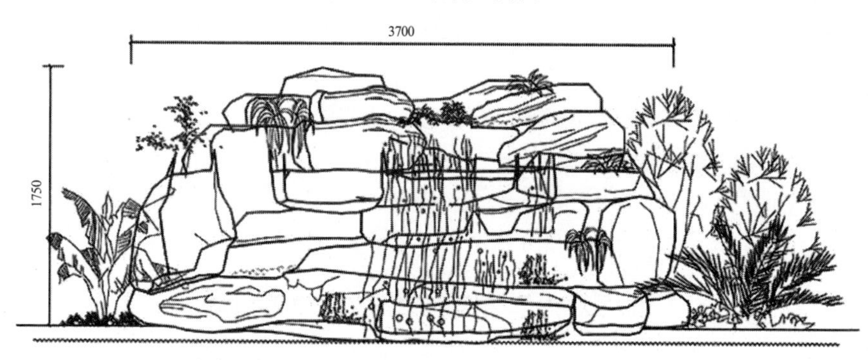

① B 区假山立面图　1：20

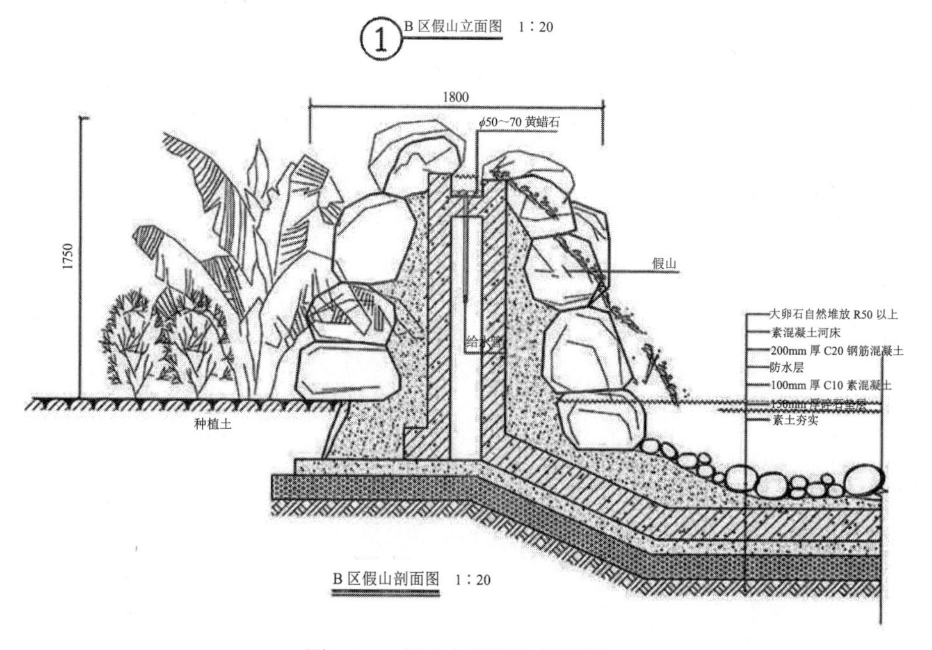

图 5-76　假山立面图与剖面图

② 道路平面图与断面图（见图 5-77）。

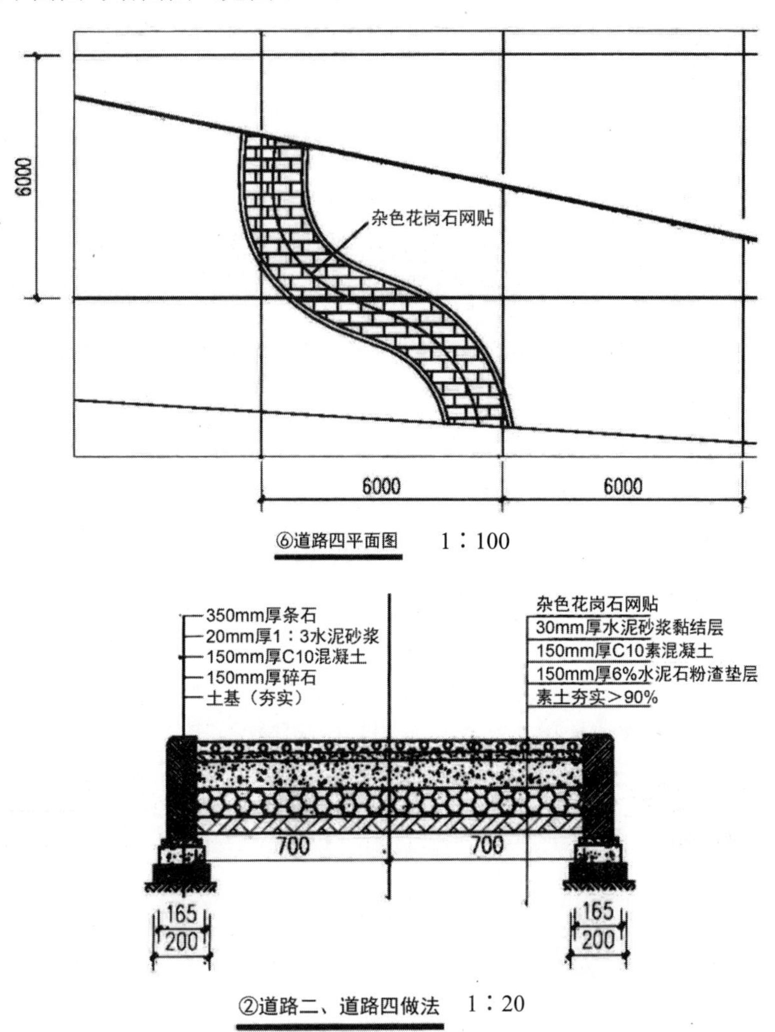

图 5-77　道路平面图与断面路

参 考 文 献

[1] 中华人民共和国住房和城乡建设部．建筑制图标准：GB/T 50104—2010[S]．北京：中国计划出版社，2011．

[2] 中华人民共和国住房和城乡建设部．总图制图标准：GB/T 50103—2010[S]．北京：中国计划出版社，2011．

[3] 中华人民共和国住房和城乡建设部．房屋建筑制图统一标准：GB/T 50001—2017[S]．北京：中国建筑工业出版社，2017．

[4] 韩力炜，郭瑞勇．室内设计师必知的 100 个节点[M]．南京：江苏凤凰科学技术出版社，2017．

[5] 陈利伟，张会平，班建伟．室内设计制图[M]．上海：上海交通大学出版社，2019．

[6] 关俊良．室内与环境艺术设计制图[M]．2 版．北京：机械工业出版社，2015．

[7] 马磊．环境设计制图[M]．重庆：重庆大学出版社，2018．

[8] 孟莎，任远，李笑寒．工程制图[M]．北京：中国青年出版社，2016．

[9] 陈良梅，陈菁菁．室内设计制图[M]．上海：上海交通大学出版社，2021．

[10] 刘清丽，李晓峰．环境艺术设计制图与识图[M]．2 版．西安：西安交通大学出版社，2018．